全国高等院校艺术设计应用与创新规划教材

总主编 李中扬 杜湖湘

犀牛RHINO
产品建模与技法

邓昭 汤智 著

武汉大学出版社

图书在版编目(CIP)数据

犀牛 RHINO 产品建模与技法/邓昭,汤智著.—武汉:武汉大学出版社,
2013.1(2024.2 重印)
全国高等院校艺术设计应用与创新规划教材/李中扬　杜湖湘总主编
ISBN 978-7-307-10264-4

Ⅰ.犀…　Ⅱ.①邓…　②汤…　Ⅲ.工业产品—造型设计—计算机辅助设计—应用软件—高等学校—教材　Ⅳ.TB472-39

中国版本图书馆 CIP 数据核字(2012)第 264438 号

责任编辑:易　瑛　　　责任校对:黄添生　　　版式设计:马　佳

出版发行:**武汉大学出版社**　　(430072　武昌　珞珈山)
（电子邮箱:cbs22@whu.edu.cn 网址:www.wdp.com.cn）
印刷:武汉邮科印务有限公司
开本:787×1092　1/16　印张:10.5　字数:250 千字
版次:2013 年 1 月第 1 版　　2024 年 2 月第 4 次印刷
ISBN 978-7-307-10264-4/TB·40　　　　定价:48.00 元

版权所有,不得翻印;凡购买我社的图书,如有质量问题,请与当地图书销售部门联系调换。

全国高等院校艺术设计应用与创新规划教材编委会

主　　任： 尹定邦　　中国工业设计协会副理事长
　　　　　　　　　　　广州美术学院教授、博士生导师

执行主任： 李中扬　　首都师范大学美术学院教授、设计学科带头人

副 主 任： 杜湖湘　张小纲　汪尚麟　陈　希　戴　荭

成　　员： (按姓氏笔画排列)

王广福	王　欣	王　鑫	邓玉璋	仇宏洲	石增泉
刘显波	刘　涛	刘晓英	刘新祥	江寿国	华　勇
李龙生	李　松	李建文	汤晓颖	张　昕	张　杰
张朝晖	张　勇	张鸿博	吴　巍	陈　纲	杨雪松
周承君	周　峰	罗瑞兰	段岩涛	夏　兵	夏　晋
黄友柱	黄劲松	章　翔	彭　立	谢崇桥	谭　昕

学术委员会： (按姓氏笔画排列)

马　泉	孔　森	王　铁	王　敏	王雪青	许　平
刘　波	吕敬人	何人可	何　洁	吴　勇	肖　勇
张小平	范汉成	赵　健	郭振山	徐　岚	贾荣林
袁熙旸	黄建平	曾　辉	廖　军	谭　平	潘鲁生

总　序

尹定邦　中国现代设计教育的奠基人之一，在数十年的设计教学和设计实践中，开辟和引领了中国现代设计的新思维。现任中国工业设计协会副理事长，广州美术学院教授、博士生导师；曾任广州美术学院设计分院院长、广州美术学院副院长等职。

　　我国经济建设持续高速地发展和国家自主创新战略的实施，迫切需要数以千万计的经过高等教育培养的艺术设计的应用型和创新型人才，主要承担此项重任的高等院校，包括普通高等院校、高等职业技术院校、高等专科学校的艺术设计专业近年得到超常规发展，成为各高等院校争相开办的专业，但由于办学理念的模糊、教学资源的不足、教学方法的差异导致教学质量良莠不齐。整合优势资源，建设优质教材，优化教学环境，提高教学质量，保障教学目标的实现，是摆在高等院校艺术设计专业工作者面前的紧迫任务。

　　教材是教学内容和教学方法的载体，是开展教学活动的主要依据，也是保障和提高教学质量的基础。建设高质量的高等教育教材，为高等院校提供人性化、立体化和全方位的教育服务，是应对高等教育对象迅猛扩展、经济社会人才需求多元化的重要手段。在新的形式下，高等教育艺术设计专业的教材建设急需扭转沿用已久的重理论轻实践、重知识轻能力、重课堂轻市场的现象，把培养高级应用型、创新型人才作为重要任务，实现以知识为导向到以知识和技能相结合为导向的转变，培养学生的创新能力、动手能力、协调能力和创业能力，把"我知道什么"、"我会做什么"、"我该怎么做"作为价值取向，充分考虑使用对象的实际需求和现实状况，开发与教材适应配套的辅助教材，将纸质教材与音像制品、电子网络出版物等多媒体相结合，营造师生自主、互动、愉悦的教学环境。

当前，我国高等教育已经进入一个新的发展阶段，艺术设计教育工作者为适应经济社会发展，探索新形势下人才培养模式和教学模式进行了很多有益的探索，取得了一批突出的成果。由武汉大学出版社策划组织编写的全国高等院校艺术设计应用与创新规划教材，是在充分吸收国内优秀专业基础教材成果的基础上，从设计基础入手进行的新探索，这套教材在以下几个方面值得称道：

其一，该套教材的编写是由众多高等院校的学者、专家和在教学第一线的骨干教师共同完成的。在教材编撰中，设计界诸多严谨的学者对学科体系结构进行整体把握和构建，骨干教师、行业内设计师依据丰富的教学和实践经验为教材内容的创新提供了保障与支持。在广泛分析目前国内艺术设计专业优秀教材的基础上，大家努力使本套教材深入浅出，更具有针对性、实用性。

其二，本套教材突出学生学习的主体性地位。围绕学生的学习现状、心理特点和专业需求，该套教材突出了设计基础的共性，增加了实验教学、案例教学的比例，强调学生的动手能力和师生的互动教学，特别是将设计应用程序和方法融入教材编写中，以个性化方式引导教学，培养学生对所学专业的感性认识和学习兴趣，有利于提高学生的专业应用技能和职业适应能力，发挥学生的创造潜能，让学生看得懂、学得会、用得上。

其三，总主编邀请国内同行专家，包括全国高等教育艺术设计教学指导委员会的专家组织审稿并提出修改意见，进一步完善了教材体系结构，确保了这套教材的高质量、高水平。

因此，本套教材更有利于院系领导和主讲教师们创造性地组织和管理教学，让创造性的教学带动创造性的学习，培养创造型的人才，为持续高速的经济社会发展和国家自主创新战略的实施作出贡献。

前言

对于工业设计而言，三维设计占据着非常重要的位置。在工业产品设计中，快速、准确是缩短研发周期的重要因素，而采用计算机辅助设计是提高工作效率最有力的手段之一，它也是考察工业设计师能力的一个重要标志。这就要求设计师拥有良好的空间想象能力并具备良好的三维建模能力，它可以促进自己对产品细节的把握，以及视觉思维能力、想象创造力和表达能力的培养。

Rhino是由美国Robert McNeel公司于1998年推出的一款基于NURBS的三维建模软件。其开发人员基本上是原Alias（开发MAYA的A/W公司）的核心代码编制成员。当今，三维图形软件异常丰富，要想在激烈的竞争中取得一席之地，必定要在某一方面有特殊的价值。因此Rhino就在建模方面向三维 软件的巨头（Maya，SoftImage XSI，Houdini，3DSMAX，LightWave等）发出了强有力的挑战。自从Rhino推出以来，无数3D专业制作人员及爱好者都被其强大的建模功能深深迷住并折服。从设计稿、手绘到实际产品，或只是一个简单的构思，Rhino所提供的曲面工具可以精确地制作所有用来作为渲染表现、动画、工程图、分析评估以及生产用的模型。Rhino可以在Windows系统中建立、编辑、分析和转换NURBS曲线、曲面和实体，不受复杂度、阶数以及尺寸的限制。Rhino也支持多边形网格和点云。

本书是作者在湖北工业大学艺术设计学院和武汉领创设计培训机构的3D教学经验基础上编写而成的。全书力求内容丰富，案例真实，结构清晰合理，讲解仔细详尽，在各个章节后都有"课后练习"。本着循序渐进、启迪思考的原则，努力将读者的思路引向更为广泛的实际应用领域，以激发学习兴趣和创作热情。

在本书的编写过程中特别感谢武汉领创设计培训机构高级讲师汤智先生的大力支持。

由于作者水平有限，书中疏漏之处在所难免，欢迎广大读者和专家提出宝贵意见。

邓 昭

2012年3月

ART DESIGN
目 录

目 录

1/1 Rhino 与工业设计概述

2/1.1　工业设计的概念

4/1.2　Rhino软件介绍

7/2　Rhino 4.0 工作环境和基本操作

8/2.1　工作环境

18/2.2　Rhino4.0的造型元素

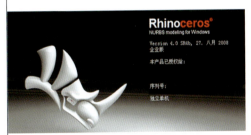

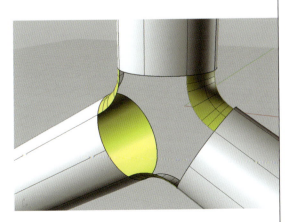

41/3　Rhino 技巧训练

42/3.1　技巧一：扭曲实体

45/3.2　技巧二：吸管

47/3.3　技巧三：起伏褶皱

50/3.4　技巧四：三管顺接

57/3.5　技巧五：啤酒瓶盖制作

ART DESIGN
犀牛 RHINO 产品建模与技法

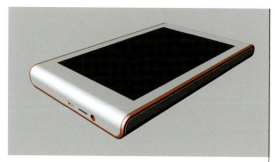

63/4 平板电脑制作

64/4.1 平板电脑大形制作

70/4.2 细节制作

75/5 2006世界杯"+团队之星"足球制作

76/5.1 "+团队之星"足球制作

82/5.2 足球细节制作

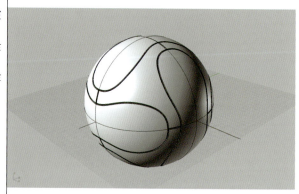

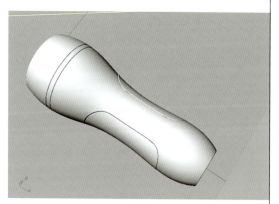

87/6 手电制作

88/6.1 手电大形制作

89/6.2 手电细节制作

ART DESIGN
目 录

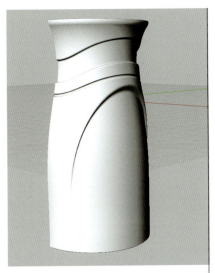

101/7 运动水壶

102/7.1 运动水壶大形制作

103/7.2 运动水壶盖子部分制作

107/7.3 运动水壶细节制作

123/8 电熨斗

124/8.1 电熨斗大形制作

126/8.2 电熨斗形态制作

128/8.3 电熨斗细节制作

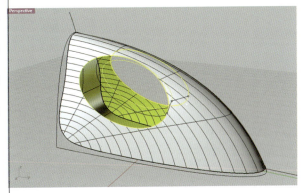

137/9 轮毂

138/9.1 轮毂钢圈制作

139/9.2 轮毂制作

152/9.3 轮胎部分制作

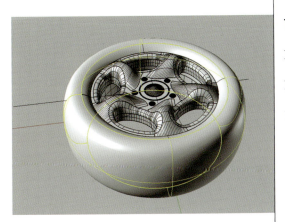

1

Rhino 与工业设计概述

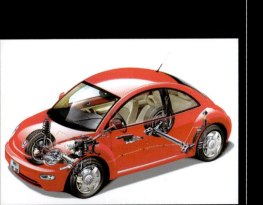

1 Rhino 与工业设计概述

1.1 工业设计的概念

1.1.1 广义的工业设计

广义工业设计（Generalized Industrial Design）是指为了达到某一特定目的，从构思到建立一个切实可行的实施方案，并且用明确手段表示出来的系列行为。它包含了一切使用现代化手段进行生产和服务的设计过程。如图1.1所示。

图1.1 工业产品设计

1.1.2 狭义的工业设计

狭义工业设计（Narrow Industrial Design）单指产品设计，包括为了使生存与生活得以维持与发展所需的诸如工具、器械与产品等的设计。产品设计的核心是产品对使用者的身心具有良好的亲和性与匹配性。

狭义工业设计的定义与传统工业设计的定义是一致的。由于工业设计自产生以来始终是以产品设计为主的，因此产品设计常常被称为工业设计。它主要包括产品的形态、色彩、人机关系等方面。如图1.2所示。

图1.2 甲壳虫汽车

随着工业设计领域的日益拓宽，不同领域又具有各自的特点，我们可以从不同的角度对工业设计的领域进行划分：从教学角度划分，包括产品设计、环境设计、传播设计、设计管理；从行业角度划分，包括造型设计、机械设计、电路设计、服装设计、环境规划、室内设计、建筑设计、UI设计、平面设计、包装设计、广告设计、动画设计、展示设计、网站设计等。

1.2 Rhino 软件介绍

1.2.1 Rhino 简介

Rhino3D NURBS（Non-Uniform Rational B-Spline），即非均匀有理B样条曲线，也就是三维专家们所说的犀牛软件，是一款功能强大的高级建模软件。自推出以来，无数的3D专业制作人员及爱好者都被其强大的建模功能深深迷住并折服。首先，它是一款"平民化"的高端软件：不像Maya，SoftImage XSI等"贵族"软件，必须在Windows NT或Windows 2000，Windows XP，甚至SGI图形工作站的Irix上运行，并且还要搭配价格昂贵的高档显卡；而Rhino所需配置不高，只要是Windows 95或以上版本，有一块ISA显卡，即使在一台老掉牙的486主机上也可运行起来。其次，它不像其他三维软件那样有着庞大的身躯，动辄几百兆，Rhino全部安装完毕才区区20兆，着实地诠释了"麻雀虽小，五脏俱全"这一精神，并且由于引入了Flamingo及BMRT等渲染器，其图像的真实品质已非常接近高端的渲染器。再次，Rhino不但可用于CAD、CAM等工业设计，更可为各种卡通设计、场景制作及广告片头打造出优良的模型，并以其人性化的操作流程让设计人员爱不释手。总之，犀牛软件是三维建模高手必须掌握的、具有特殊实用价值的高级建模软件。

从设计稿、手绘到实际产品，或只是一个简单的构思，Rhino所提供的曲面工具可以精确地制作所有用来作为渲染表现、动画、工程图、分析评估以及生产用的模型。

Rhino可以在Windows系统中建立、编辑、分析和转换NURBS曲线、曲面和实体。不受复杂度、阶数以及尺寸的限制。Rhino也支援多边形网格和点云。

1.2.2 Rhino 特点

Rhino可以创建、编辑、分析和转换NURBS曲线、曲面和实体，并且在复杂度、角度和尺寸方面没有任何限制。

（1）精确制模，大到汽车、飞机，小到珠宝首饰所有设计都可以快速精确的成型。

（2）支持多文件格式：DWG、DXF、3DS、LWO、STL、OBJ、AI、RIB、POV、UDO、VRML、TGA、AMO、TGA、IGES、AG、STL、RAW。

(3) 读取和修复难以修复的IGES档案。
(4) 精确分析模型的曲率、法线及连续性。
(5) 上手容易，用户可以快速地掌握软件的操作方法。
(6) 高效率，软件较小，占用系统资源少。无特别的硬件需求。
(7) 兼容性好，兼容于其他设计、制图、CAD、工程、动画以及插画软件。
(8) 强大的曲面建模方式，在工业产品立体效果图效率上比其他三维软件高。

Rhino是为设计和创建3D模型而开发的。虽然它带有一些有用的渲染功能，但这并不是Rhino的主要功能，并且利用Rhino生成的模型导入到CAD之类的软件完成标示和注释。熟练使用Rhino之后，可建立复杂的三维模型。

1.2.3 Rhino 软件的优势和缺陷

在计算机辅助工业设计中，Rhino在草案阶段和定案阶段都能够起到一定的作用，在不明确最终的三维立体效果的时候，可以利用Rhino建一个草模，然后简单地渲染几个角度来观察效果；而一旦确定方案，则可以利用Rhino的精确建模功能，创建出比较准确的模型，再导入到其他软件中进行精细渲染。和其他相关的软件相比，Rhino有以下几个方面的优势和缺陷：

(1) 优势

①建模方便快捷

由于Rhino采用NURBS的建模方式，即类似蒙皮方式。在工业设计草图阶段，遇到几个方案需要比较效果的时候，可以用Rhino快速地创建几个草模来进行比较。

②软件小巧，运行快速

和其他三维软件相比，Rhino本身的建模功能比较强大，但是渲染功能比较弱，也不具有修改模型的功能。Rhino软件比较小，对系统的要求不高，运行速度非常快，所以深得工业设计师的喜爱。

③专业的曲面建模功能

Rhino软件在曲面建模方面有非常专业的设计功能，很多比较复杂的造型，通过具体的曲面分析和处理，都可以准确地创建出来。

(2) 缺陷

①不具有修改功能

Rhino软件由于本身的限制，不具有修改功能，曲面或者体一旦

建好，就不能像其他三维软件一样进行修改了。在使用的时候，由于参数的调节问题，需要不断地返回重建面或者体，同时为了保留一些曲面或曲线，需要不断地存盘，但Rhino不具有历史记录功能，所以使用起来不是很方便。

②工具的整合还不够

Rhino软件中很多相对比较常用的工具没有整合在一起，这就需要使用者自己调节。对于新手来说，有些常见的工具不能找到，需要逐渐熟悉，这就给学习带来了障碍。

2

Rhino4.0 工作环境和基本操作

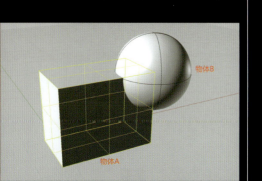

2 Rhino4.0 工作环境和基本操作

2.1 工作环境

2.1.1 Rhino 软件

Step 1　在桌面上双击Rhino的快捷图标，如图2.1所示。
Step 2　弹出如图2.2所示的启动界面。
Step 3　片刻后出现Rhino操作界面，如图2.3所示。

2.1.2 视图介绍

Rhino软件开启后，会默认出现五个视图的界面，如图2.4所示。

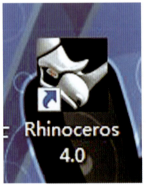

图2.1

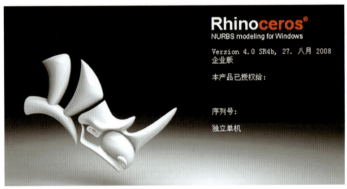

图2.2

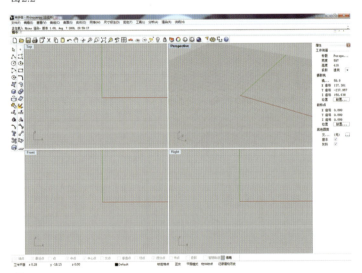

图2.3

五个视图分别为：Top（顶视图）、Front（前视图）、Left（左视图）、Right（右视图）和Perspective（透视图）。其中Top（顶视图）、Front（前视图）、Left（左视图）、Right（右视图）分别代表了产品常用的四个侧面的效果，而Perspective（透视图）通常代表的是轴测图，可以对产品进行多方位的查看。

2.1.3 视图操作

每个视图可以通过拖动视图的边缘线进行调节，如图2.5所示。

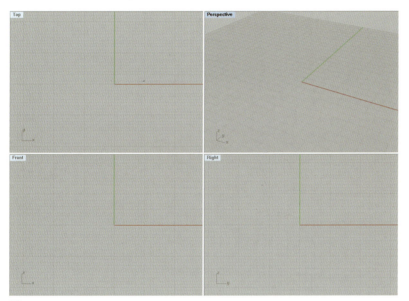

图2.4

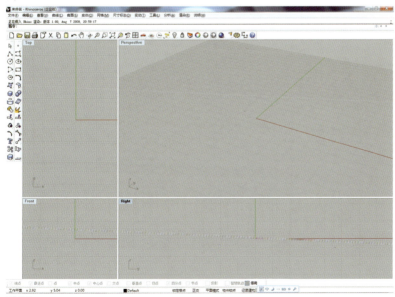

图2.5

图2.6

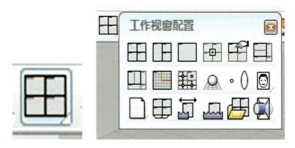

图2.7

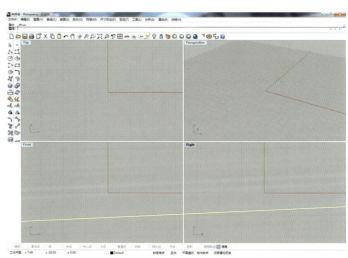

图2.8

如果需要还原默认的视图大小，点击顶部工具栏（如图2.6所示）里面的工作视窗配置（如图2.7所示），视图就恢复成默认大小，如图2.8所示。

鼠标双击任意一个视图的英文方框，操作界面被点击的视图就会最大化，如图2.9所示。

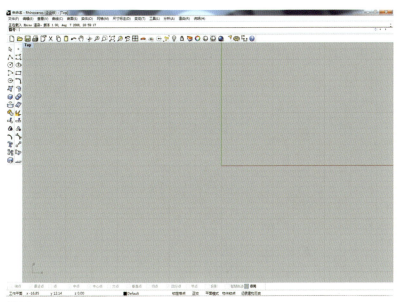

图2.9

2.1.4 标准工具栏

标准工具栏是专门执行文件管理、视图管理、工作平面、显示隐藏、图层管理、渲染、基本属性修改等非建模命令的工具栏,是不可缺少的辅助工具栏,如图2.10所示。

2.1.5 主要命令1和主要命令2工具栏

这两个工具栏都是Rhino4.0建模过程中主要用到的命令图标,而且很多按钮(图标右下角有小三角的按钮)都可以连接到这一类型的命令按钮,几乎可以完成所有建模命令,所以是必不可少的工具栏,如图2.11所示。

图2.10

图2.11

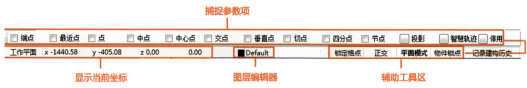

图2.12

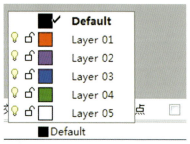

图2.13

2.1.6 状态栏的设置

状态栏是Rhino4.0中一个重要的组成部分，主要指示出当前的一些数值状态、修改图层以及捕捉方式的设置。如图2.12所示。

（1）显示当前坐标。当前坐标系统包括"世界坐标系"和"工作平面坐标系"两种。世界坐标系是唯一的，而工作平面坐标系是根据各个工作平面而定的，所以是可以有多个的。

显示当前鼠标所在的位置的坐标值，分别用X、Y、Z显示，这是根据当前坐标系来显示的。

（2）图层编辑器。单击图层编辑器可以快速地切换、编辑图层。如图2.13所示。

（3）辅助工作区。辅助工具区是对当前鼠标捕捉状态进行管理的地方，是状态栏重要的功能所在。粗体显示为"打开"状态，正常显示为"关闭"状态。

正交：打开此功能就可以控制鼠标的移动方向。默认是90°，也就是只可以在垂直或水平方向移动，即沿着视图中的X轴、Y轴、Z轴方向移动。这对绘制一些垂直或水平的物体十分有用。

平面模式：打开此功能就可以控制鼠标在一个平面上绘制图形。

物件锁点：这是物体捕捉的开关，打开即显示物件捕捉管理器的浮动窗口，最好一直处于"打开"状态。

(4) 捕捉点参数介绍：

端点——对端点、终点的捕捉。

最近点——对曲线上任意点的捕捉。

点——对点的捕捉，可以捕捉绘制点、线、面控制点。

中点——对线的中点的捕捉。

中心点——对线的中心点的捕捉。

交点——对两条或两条以上的相交的曲线的交叉点的捕捉，也可以捕捉曲线与曲面的交点。

垂直点——对两条曲线垂直、正交的点的捕捉。

切点——对两条曲线相切的点的捕捉。

四分点——在圆、圆弧、椭圆或类似形状的面的边缘曲线上，捕捉象限点（四分之一点的捕捉）。

节点——对线的节点的捕捉。

2.1.7 Rhino4.0 属性设置

在顶部工具栏里面，鼠标左键点选【属性 】，会弹出如图2.14所示的对话框。

图2.14

Step 1 点选【文件属性】下面的【单位】,将【模型单位】调成"毫米",将【绝对公差】值调成"0.001",如图2.15所示。这是为了保证模型的细分度及尺寸的规范性。

Step 2 点选【格线】,将【格线范围】调成"200.0",这里的格线就是视图框的网格大小,可以根据模型需要进行调节。如图2.16所示。

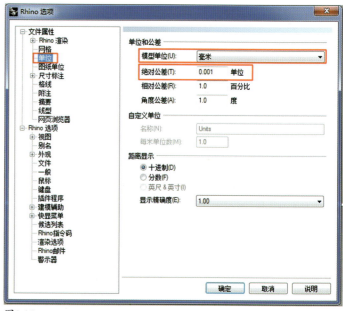

图2.15

图2.16

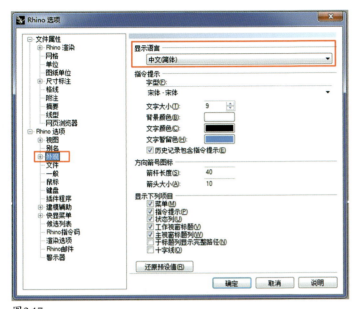

图2.17

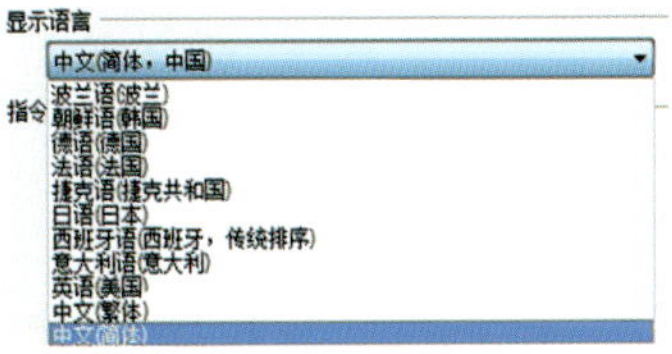

图2.18

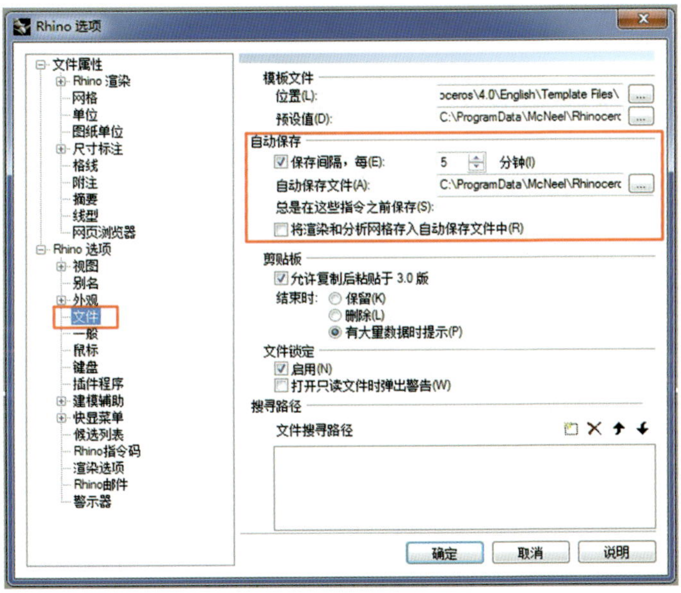

图2.19

Step 3 点选【外观】,如图2.17所示;在【显示语言】里面可以根据自己的需求调节Rhino4.0的语言,如图2.18所示。

Step 4 点选【文件】,将【自动保存】栏里面的时间调成"5分钟"(默认是"20分钟",时间过长,在制作模型过程中未保存时,遇到软件出问题模型没有保存下来,就白做了),如图2.19所示。如果需要,时间可以调节到更短。

提示：

怎么提取保存文件：复制【自动保存】这一栏里面的路径（这个路径可以更改为自己熟知的路径，方便查找），打开"我的电脑"，在信息栏里面，将复制的路径粘贴到里面，按回车键即可，电脑将自动打开上一次时间段保存的模型文件。

Step 5 点选【一般】，将里面的【最大使用内存】的值调成 "100 MB"（默认值为"16MB"，这个【最大使用内存】影响的是制作模型过程中退回的步数，内存值越大，电脑储存的历史记录就越多）。如图2.20所示。

Step 6 点选【外观】旁边的扩展【+】号，点开【高级设置】，再点选【着色模式】，如图2.21所示，将旁边对话框里面的【背面设置】的模式调成"全部背面使用单一颜色"，如图2.22所示。调节背面设置的"光泽度"、"单一背面颜色"。如图2.23所示。一定要调节一个稍纯一点的颜色，好与正面的灰色有区分。如图2.24、图2.25所示。

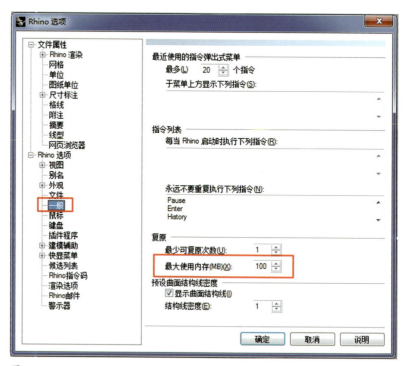

图2.20

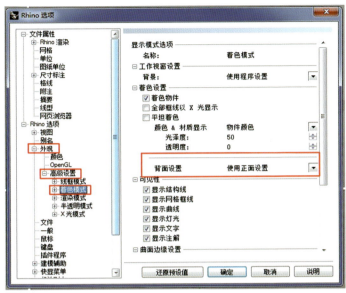

图 2.21

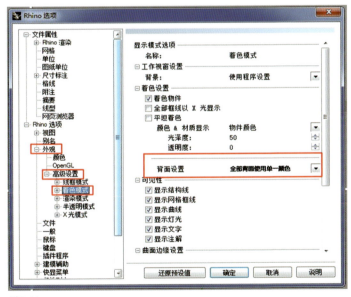

图 2.22

图 2.23

图 2.24

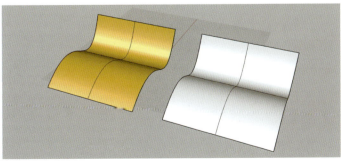

图 2.25

2.2 Rhino4.0 的造型元素

在Rhino4.0中共有五种造型元素：点、线、面、体及网格。线、面、体都属于NURBS的物体，它通常被看做是一种数学的等式，意味着这种物体可以非常光滑。这种光滑的面能够制作出模型、渲染体、动画程序等。正如计算机辅助制造（CAD）系统，设计者运用线段、网格去拟合出一个光滑的面，Rhino4.0也能够创建出一些网格去拟合这种NURBS的物体，以便完成模型的制作。

简单地说，NURBS就是专门做曲面物体的一种造型方法。NURBS造型总是由曲线和曲面来定义的，所以要在NURBS表面生成一条有棱角的边是很困难的。就是因为这一特点，我们可以用它做出各种复杂的曲面造型和表现特殊的效果，如人的皮肤、面貌或流线型的跑车等。

2.2.1 点

点在Rhino4.0中是最简单的表现形式，由一个小圆点来表示，如图2.26所示。

2.2.2 线

在Rhino4.0中，Curve菜单下的线段、复合线、弧、圆、随意曲线或者其他形式的曲线都属于NURBS曲线，可以选择、修改或者删除这些曲线。线可以是闭合的或者不闭合的，也可以是二维或者三

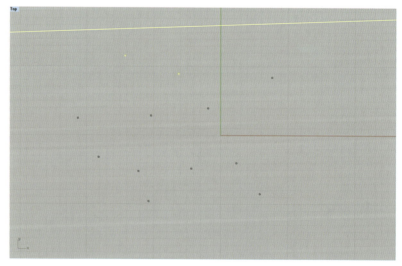

图2.26

维的。曲线是制作模型最重要的组成部分，建立一个模型常常是从画一条曲线开始。

（1）【直线 ✎】命令，从起始点A到终点B结束的线段，如图2.27所示。

（2）【多重直线 ⋀】命令，在视窗中，可以画出无数条首尾相连的线段，直至点击鼠标右键结束。如图2.28所示。

（3）【直线：从中心点 ✎】命令，从中心点A往两边对称地拉出的一条线段，如图2.29所示。

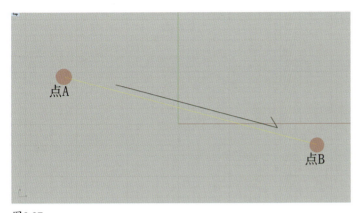

图2.27

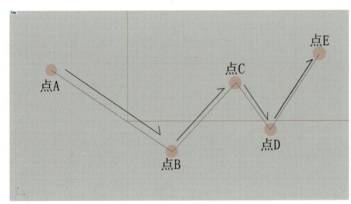

图2.28

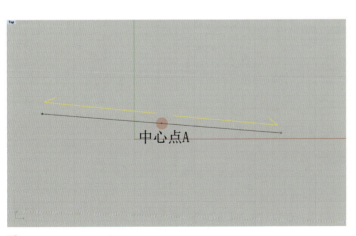

图2.29

(4)【控制点曲线 ⬚】命令，在视窗中画出曲线，每单击鼠标左键一次可以确定一个控制点，根据图案确定下一个控制点的位置，单击鼠标右键结束曲线的绘制，如图2.30所示。画好的曲线可以使用【开启控制点 ⬚】命令，或者按键盘上的F10键开启曲线的控制点，编辑曲线的形状，如图2.31所示。

曲线上的控制点可以进行删除。选中要删除的控制点，按Delete键删除。一旦其中一个控制点被删除，其曲线的形状相应地也会发生变化。如图2.32、图2.33所示。

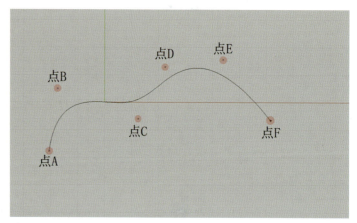

图2.30

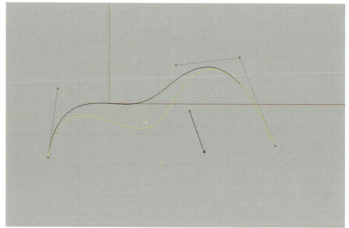

图2.31

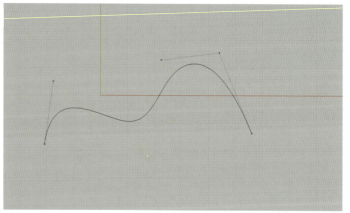

图2.32

(5)【圆弧：起点、终点、起点的方向❑】命令，确定起始点A，再确定终点B，之后用控制点C调节圆弧的弧度。如图2.34所示。圆弧画出来后也可以通过【开启控制点❑】命令，进行弧度调节。

(6)【圆、椭圆、矩形、多边形】命令，如图2.35所示，通过工具框里面的命令可以绘制相应的图形，如图2.36所示。

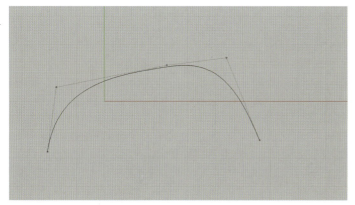

图2.33

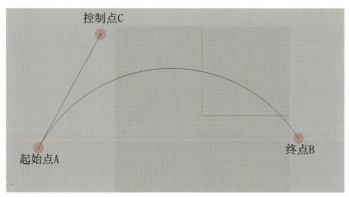

图2.34

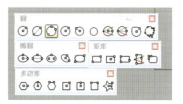

图2.35

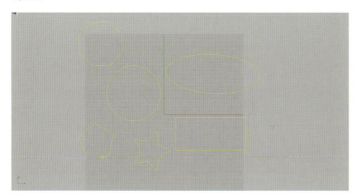

图2.36

2.2.3 曲线工具

曲线工具是编辑曲线的常用命令工具。主要使用的曲线工具包括：【延伸曲线】、【曲线圆角】、【曲线斜角】、【全部圆角】、【混接曲线】、【曲线偏移】、【衔接曲线】、【曲线重建】。

（1）【延伸曲线】命令，其中常用的包括：【以曲线延伸】、【以直线延伸】、【以圆弧延伸】，如图2.37所示。

（2）【曲线圆角】命令：圆角处理如图2.38所示，使用【曲线圆角】工具的时候要注意工具栏上面的提示，如图2.39所示。

以曲线延伸
原型
以直线延伸
以圆弧延伸

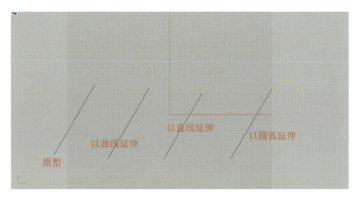

图2.37

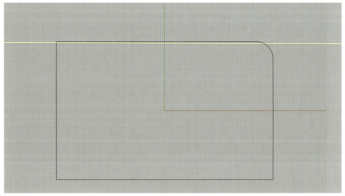

图2.38

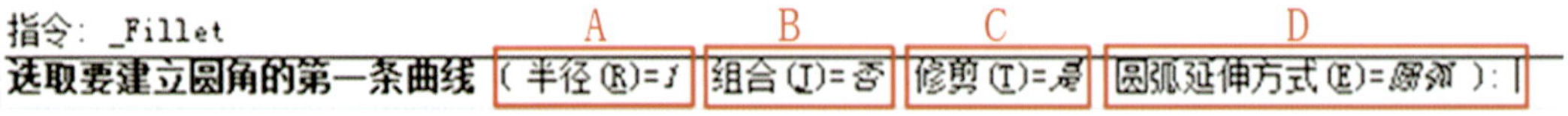

指令: _Fillet
选取要建立圆角的第一条曲线
A
B
C
D
(半径(R)=1
组合(J)=否
修剪(T)=是
圆弧延伸方式(E)=圆弧):

图2.39

工具栏对应参数:

A——设置倒角的半径值。

B——倒角后是否将圆角和曲线合成一体,或仍保持两条独立的曲线。

C——是否剪切掉两边的角,这个一般情况下使用默认值"是"。

D——延伸切角的方式,可以用圆弧方式,也可以用直线方式。

(3)【曲线斜角】命令:与倒圆角命令类似,曲线斜角命令实际上也是倒角命令,只不过是倒成斜角。与倒圆角不同的地方就是,设置半径值的时候要设定两个数值。例如设定为(20、10),其含义是鼠标左键单击第一条曲线斜角距离为20个单位,第二条曲线的斜角距离为10个单位,如图2.40所示。

(4)【全部圆角】命令:单击全部圆角工具,选择如图2.41所示的矩形,然后拖动一定距离作为半径值倒角,这样矩形的每个角都会进行圆角,如图2.42所示。

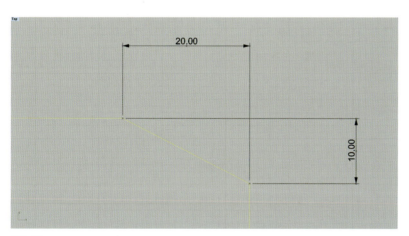

图2.40

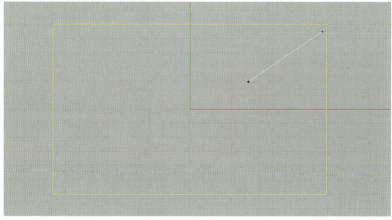

图2.41

图 2.42

图 2.43　　　图 2.44

如需要精确倒角，点击全部圆角命令，在工具栏里面输入一定数值，如图2.43所示。这样所有圆角的大小就可以精确计算。

同样的方法也适用于其他的形状，如图2.44所示图形通过倒角后可以得到如图2.45所示图形。

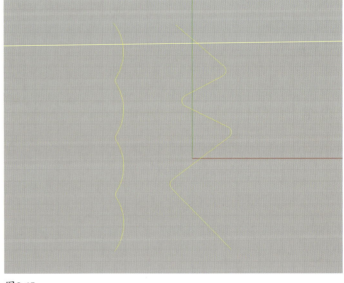

图 2.45

(5)【混接曲线 】命令：可以将两条没有相连的曲线接在一起，如图2.46所示。如果要点A与点B进行混接，单击【混接曲线】命令，鼠标左键点选第一条曲线靠近点A的位置，再点选第二条曲线靠近点B的位置，将其光滑地融合起来。结果如图2.47所示。

在使用【混接曲线】命令的时候，可能会出现连接的点不是自己想要的情况，比如想要点A连接点B，出现的却是点B连接点C了，如图2.48所示。这是因为点选的曲线一定是两个端点，鼠标点曲线时靠近哪个端点就要从哪个端点进行连接。

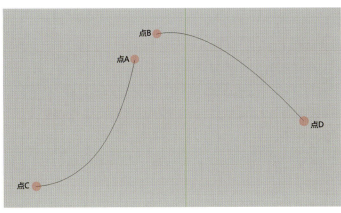
图2.46

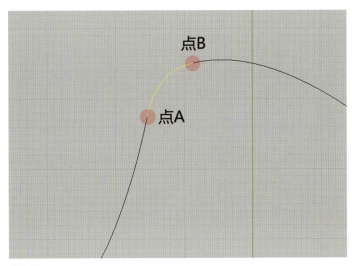
图2.47

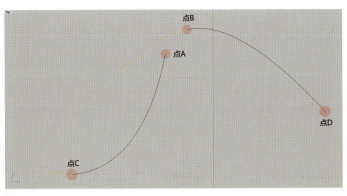
图2.48

(6)【曲线偏移 】命令：该命令是对曲线进行偏移，得到与原来曲线等距的曲线。

在使用该命令时会出现如图2.49所示工具栏。

工具栏对应参数：

A——输入相对应的数值可以确定偏移的距离大小。

B——确定偏移曲线拐角的形状，选择不同的模式可以生成不同的拐角形态。分别为尖锐、圆角、平滑、斜角这四种模式，如图2.50所示。

C——通过点的偏移可以根据自己的需求任意地控制偏移的距离。如图2.51、图2.52所示。

图2.49

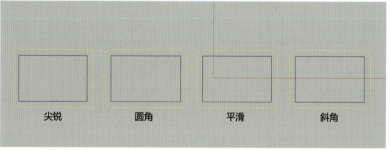

图2.50

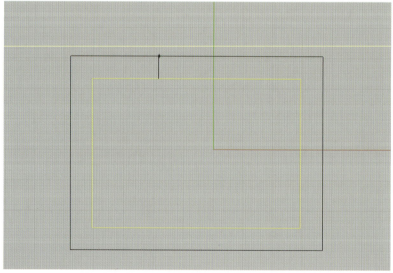

图2.51

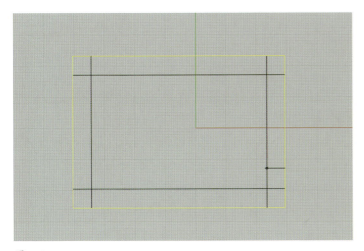

图2.52

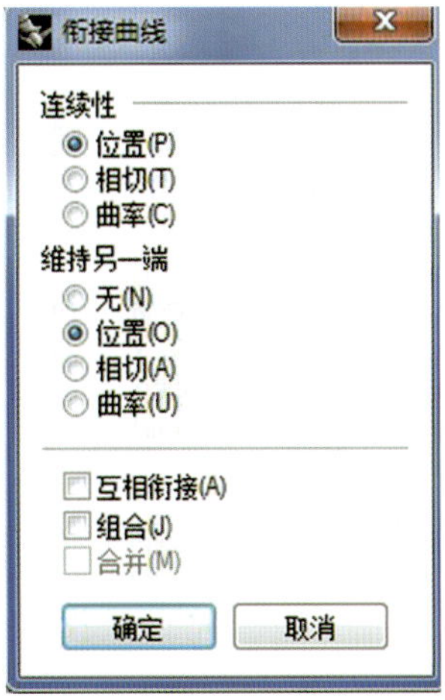

图2.53

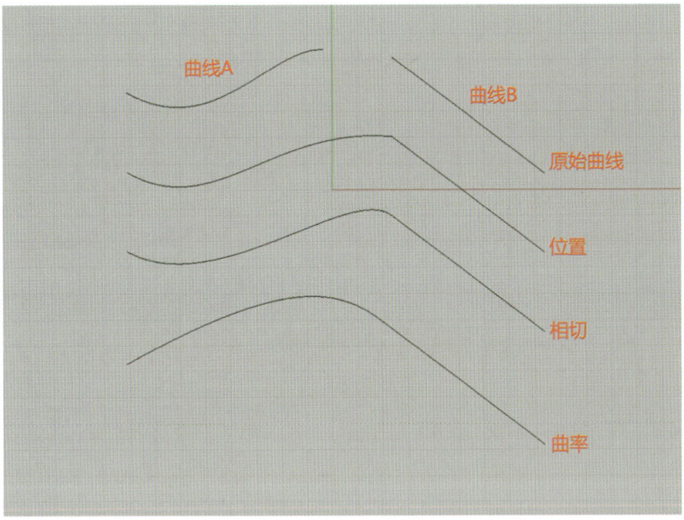

图2.54

D——控制偏移的精度,可以自行设定调节,一般情况下保持默认值。

(7)【衔接曲线 】命令:主要是连接互不相连的两条曲线的端点,而且保持连接曲线曲率的连续性。使用【衔接曲线】命令,鼠标左键点选曲线A,再点选曲线B,出现如图2.53所示对话框。

在使用此工具时会出现以下几种连接方式:

①不勾选【互相衔接】时,曲线A会根据【连续性】的三种方式(a.位置;b.相切;c.曲率)去连接,如图2.54所示。且曲线B是保持不动的。

②在勾选【互相衔接】时，调节【维持另一端】的连接形式。这时曲线A及曲线B在调节不同连接方式时会表现出不同的曲线连续性。

(8)【曲线重建 ![icon]】命令：主要是将曲线的控制点进行相对应的增加或减少。

2.2.4 面

在Surface（面）菜单下有许多工具，它们可以把一些任意形状的曲线构建成面，如图2.55、图2.56所示。

主要使用的工具包括：【直线挤出 ![icon]】、【放样 ![icon]】、【网格建立曲面 ![icon]】、【嵌面 ![icon]】、【单轨扫掠 ![icon]】、【双轨扫掠 ![icon]】、【旋转成形 ![icon]】。

(1)【直线挤出 ![icon]】命令：画出如图2.57所示的椭圆。鼠标单击命令后，选择椭圆，拖动鼠标，就可以得到拉伸出来的曲面，如图2.58所示。

注意拉伸数值的设置，在选中曲线后，会出现如图2.59所示的工具栏。

工具栏参数解析：

方向——表示拉伸方向，默认情况下拉伸都是垂直于所有选择的曲面，根据提示输入D字母或者鼠标在【方向】选

图2.55

图2.56

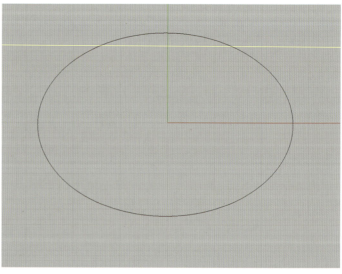

图2.57

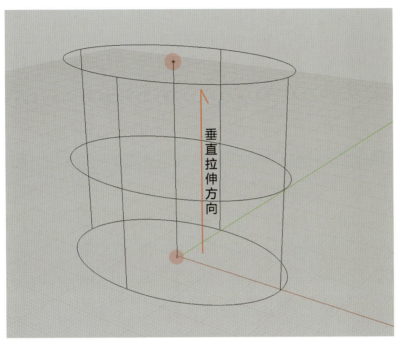

图2.58

挤出距离 <-216.11> (方向(D) 两侧(B)=否 加盖(C)=否 删除输入物体(E)=否): _Cap=_No
挤出距离 <-216.11> (方向(D) 两侧(B)=否 加盖(C)=否 删除输入物体(E)=否):

图2.59

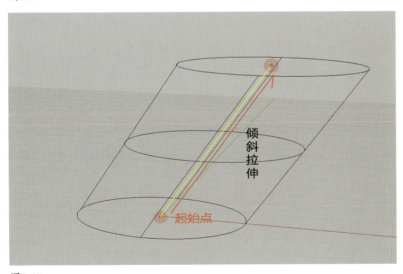

图2.60

项上点击后,根据自己的需求来设定拉伸的方向(先确定起始点,再根据起始点来确定下一个点的方向)如图2.60所示。

两侧——表示单面或双面拉伸,默认值是"否",表示单面拉伸,如果键盘输入 B 字母,或者鼠标在【两侧】选项上点击后,则拉伸的方式是以曲线为中心，两边对称地拉伸曲面，如图2.61所示。

加盖——表示拉伸出来的面是否加盖子，默认情况是"否"，表示拉伸出来的两头是空的，选择这个选项，可得到封闭的实体。如图2.62所示。

删除输入物体——表示拉伸曲面后是否删除原先拉伸的曲线。

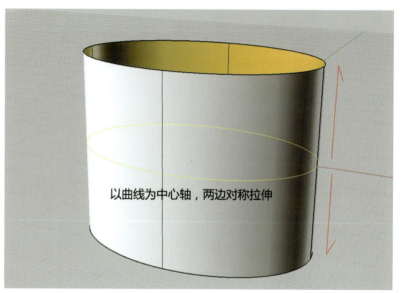

图2.61

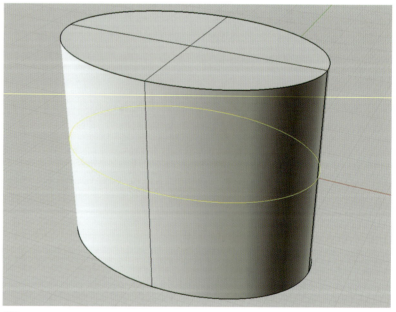

图2.62

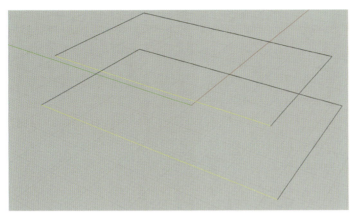

图2.63

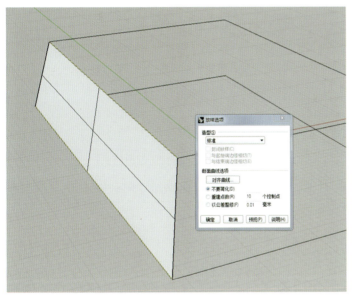

图2.64

图2.65

(2)【放样】命令：利用放样工具可以把一系列相邻的线串起来，形成面，相邻的线可以是封闭的，也可以是开放的，但如果是封闭的曲线，则要求其余的曲线必须都是封闭的；反之，如果都是开放的曲线，则其余的曲线都要是开放的。

使用【放样】命令，选择如图2.63所示的两条曲线，弹出如图2.64所示的【放样选项】对话框。

图2.66

在【放样选项】对话框中，如图2.65所示，可以调节放样的参数设置，在【造型】下拉列表框中可以选择调节的样式，如图2.66所示。

工具栏参数解析：

标准——标准样式。

松弛——曲面可以从原来的曲线移开，以建立较为平滑的曲面，曲面点会建立在放样时输入的曲线控制点的同一位置上。

紧绷——曲面和原来的曲线很紧地黏合在一起。

平直区段——曲线之间的断面是平直的，也称为直的曲面。

可展开的——以每一对曲线建立一个单独的可展开的曲面或多重曲面。

均匀——使曲面中的结构线平均分布从而令曲面更加光滑。

（3）【网格建立曲面 】：在透视图里面，使用【网格建立曲面】命令，如图2.67所示。依次选择四条曲面边缘线，然后选取中间的断面曲线。如图2.68、图2.69所示。

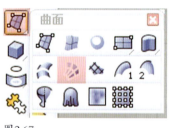

图2.67

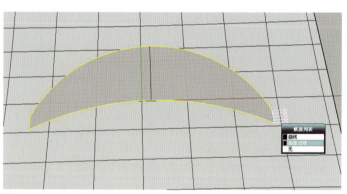

图2.68

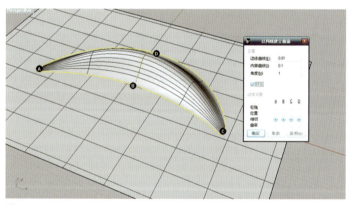

图2.69

(4)【嵌面 ◆】：将圆柱封口，使用【曲面】里面的【嵌面】命令，选中圆柱上部的边，出现对话框。将【调整切线】、【自动修剪】打开，先选预览（如图2.70所示）。

提示：

这时如果不选择【调整切线】（如图2.71所示），预览出现的就是平面。

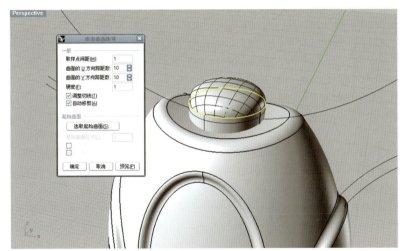

图2.70

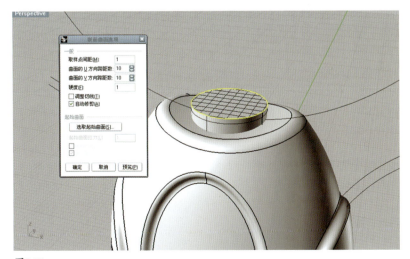

图2.71

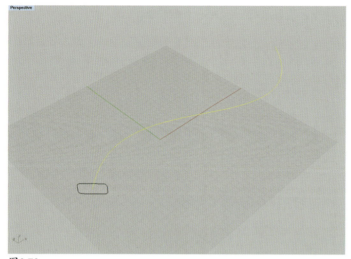

图2.72

图2.73

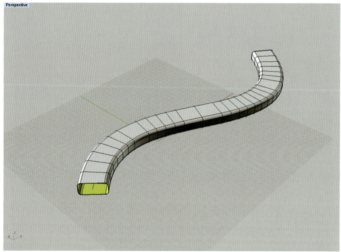

图2.74

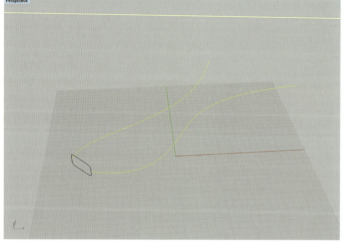

图2.75

（5）【单轨扫掠】：选中如图2.72所示的曲线作为轨道，使用【单轨扫掠】命令，如图2.73所示，点选矩形截面，得到如图2.74所示效果。

（6）【双轨扫掠】：选中如图2.75所示的两条路径曲线作为轨道，使用【双轨扫掠】命令，如图2.76所示，点选矩形截面，得到如图2.77所示的效果。

图2.76

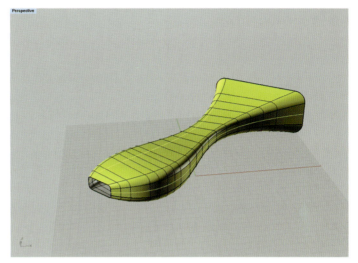

图2.77

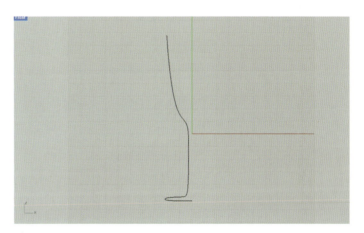

图2.78

图2.79

（7）【旋转成形】：在Front视图里面，画出如图2.78所示的大形边缘线。

使用【旋转成形】命令，如图2.79所示。确定坐标原点（小键盘输入0，按Enter键确认）为旋转轴点，在Front视图里面开启【正交】，向上拉出旋转轴，如图2.80所示。确定后旋转成实体，如图2.81所示。

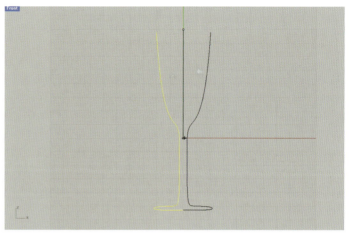

图2.80

图2.81

2.2.5 几何体

一个有体积的面称为体，如图2.82所示。体的创建通常由实体工具栏里面的工具来进行，如图2.83所示。

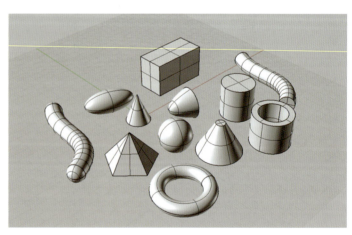

图2.82

实体工具栏常用工具包括：

【布尔运算并集】、【布尔运算差集】、【布尔运算交集】、【布尔运算分割】、【不等距边缘圆角】、【不等距边缘斜角】。其中，布尔运算的几个工具在Rhino4.0建模过程中是最常用而且是最重要的命令。

下面我们来具体讲解布尔运算命令。

（1）【布尔运算并集】：鼠标左键点选【布尔运算并集】命令，在一起点选相交的物体A与物体B，确定命令后，我们会得到由两个物体组合在一起的新物体C，如图2.84、图2.85所示。

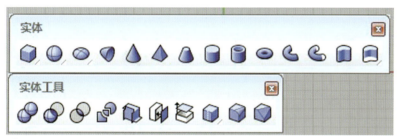

图2.83

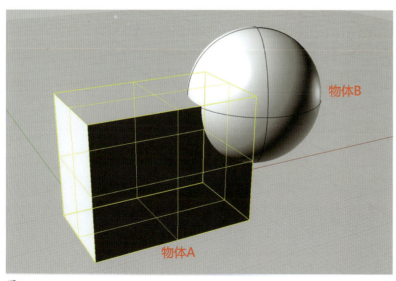

图2.84

(2)【布尔运算差集 】：使用布尔运算差集的时候要注意，先确定被减物体（哪一个是要保留下来的）例如：先点选物体A，再单击【布尔运算差集】命令，再次选中物体B，确定后会得到如图2.86所示图形，物体A被物体B切割了一部分。

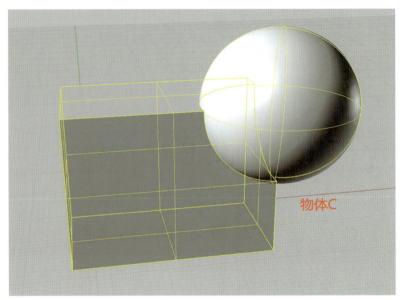

图2.85

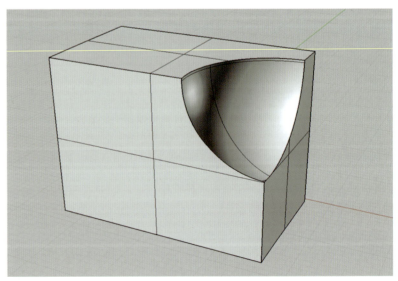

图2.86

图2.87

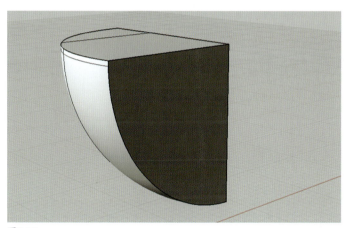

图2.88

反之,我们先选中物体B,再单击【布尔运算差集】命令,然后选中物体A,确定后会得到如图2.87所示图形,物体B被物体A切掉了一部分。

(3)【布尔运算交集 】:先点选物体A,再单击【布尔运算交集】命令,然后选中物体B,确定后会得到如图2.88所示图形。保留了物体A与物体B相交的部分。

(4)【布尔运算分割 】:先点选物体A,再单击【布尔运算分割】命令,这时选中的物体A会变成"没有选中"的状态,再选中物体B。单击确定按钮,再按键盘的Delete键删除物体B,则物体A会被分割成两个体块,如图2.89所示。

反之,则物体B被分割,如图2.90所示。

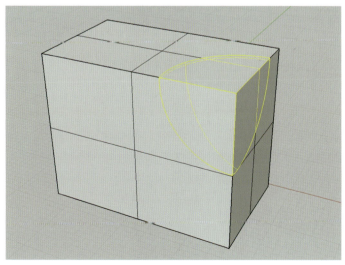

图2.89

提示：

实体倒角命令也是特别要注意的工具，因为在生产产品时大多不会出现边缘有锐角的情况，为了防止锐角割伤肌肤，基本上都会把边缘处理成圆角。

(5)【不等距边缘圆角 】、【不等距边缘斜角 】：与之前【曲线圆角】、【曲线斜角】工具的使用方式是一致的，但是这两种的工具是使用在多重面或实体范围内的，如图2.91所示。

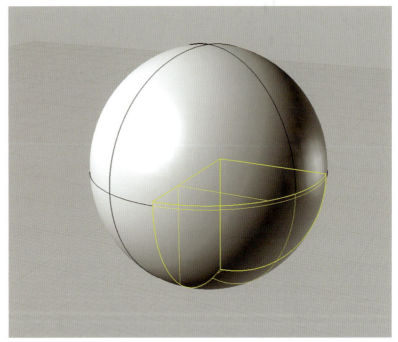

图2.90

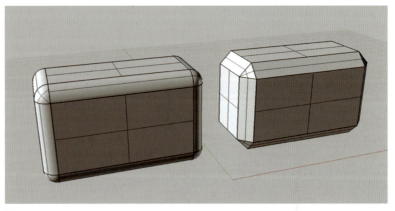

图2.91

3

Rhino 技巧训练

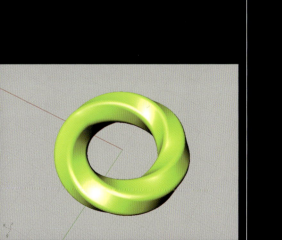

3 Rhino 技巧训练

3.1 技巧一：扭曲实体

Step 1 使用【圆：中心点、半径 ⊙】命令，正交打开，确定坐标原点（小键盘输入0，按Enter键确认），如图3.1所示。

注意：确定下一个半径点时，一定按照图上所示。

Step 2 在Front视图中使用【多边形】里面的【多边形：中心点、半径 ⊙】命令，如图3.2所示。打开【正交→四分点】捕捉，如图3.3所示。画出五边形，如图3.4所示。

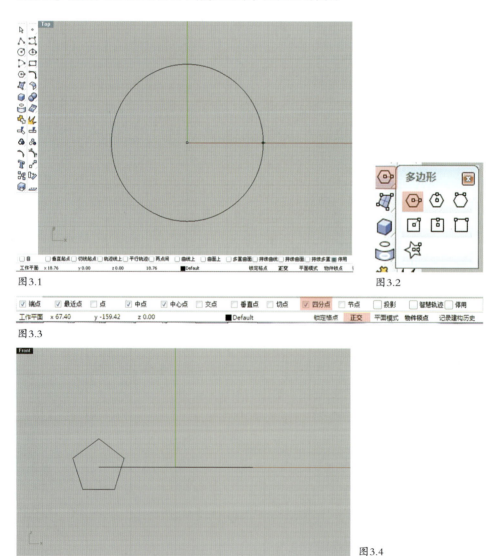

图3.1

图3.2

图3.3

图3.4

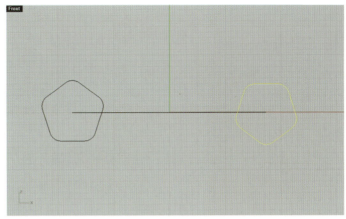

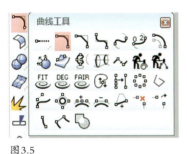

图3.5

图3.6

图3.7

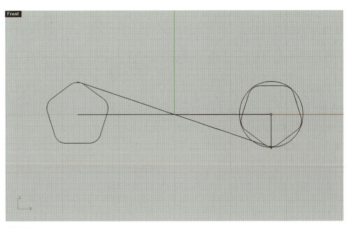

图3.8

图3.9

Step 3 将五边形进行圆角处理,然后将五边形镜像进行旋转调整方向,如图3.5、图3.6所示。

Step 4 使用【曲线】里的【弹簧线】命令,如图3.7所示。选择信息栏里面的【环绕曲线】,如图3.8所示。选取曲线(这里选择圆),将【圈数】调成【1】,【四分点】捕捉打开,确定弹簧线,如图3.9所示。

图3.10

Step 5 使用【曲面】里的【双轨扫描】命令，如图3.10所示。选取圆和弹簧线（此时选择的是两轨道），再次选取两个五边形。出现一根两点直线。调整位置，如图3.11所示（记住方向一定要一致），确定后出现对话框，选取【封闭扫掠】命令，如图3.12所示。

附加简单的材质后，效果如图3.13所示。

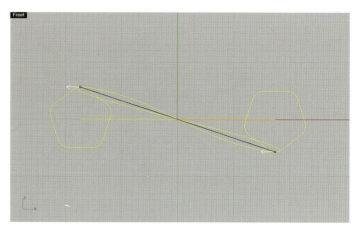

图3.11

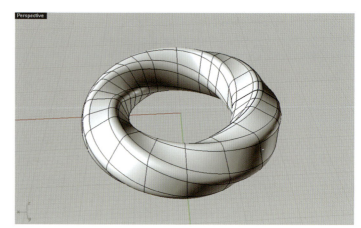

图3.12

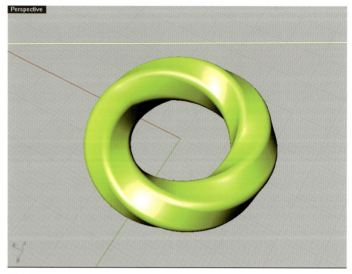

图3.13

3.2 技巧二：吸管

Step 1　画出曲线，如图3.14所示。

Step 2　在曲线底部画出两圆，如图3.15所示，并移动位置。

Step 3　选择两个圆，使用【变动→阵列】里面的【沿着曲线阵列】命令，选中曲线阵列。阵列数量多一点，但不要使其重叠，得到效果如图3.16所示。

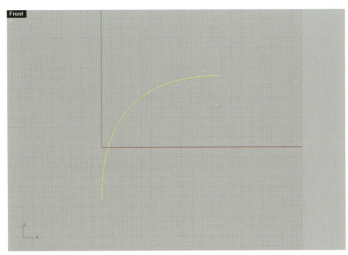

图3.14

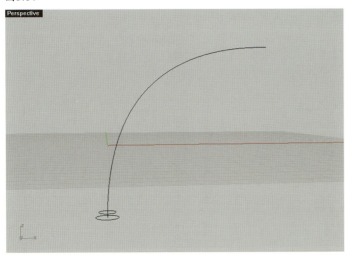

图3.15

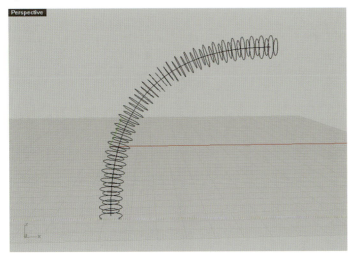

图3.16

Step 4 将中间部分的曲线删除,使用【曲面】里面的【放样 】命令,选中全部圆进行放样,得到效果如图3.17所示。

Step 5 使用【曲面】里的【直线挤出 】命令,拉伸出平面,得到效果如图3.18所示。

附加简单的材质后,效果如图3.19所示。

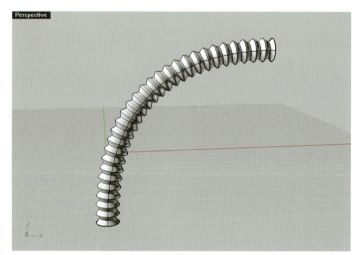

图3.17

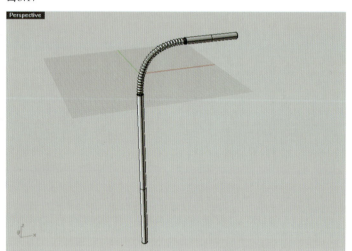

图3.18

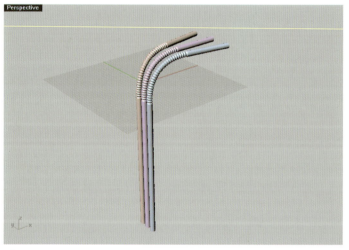

图3.19

3.3 技巧三：起伏褶皱

Step 1 在Top视图里面，使用【矩形：中心点、角】命令，确定坐标原点（小键盘输入0，按Enter键），如图3.20所示。

Step 2 使用【嵌面】命令（如图3.21所示），将矩形线框补成面，如图3.22所示。

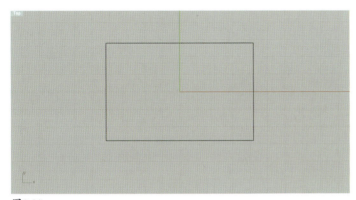

图3.20

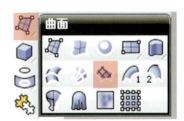

图3.21

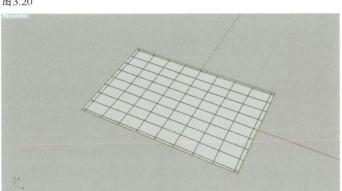

图3.22

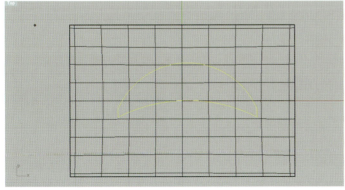

图3.23

Step 3 在Top视图里面，画出如图3.23所示的图形。

Step 4 选中画好的图形，使用【修剪 】命令，将图形中间部分的面进行修剪，如图3.24所示。

Step 5 在空缺的图形里面，开启【四分点】捕捉，如图3.25所示。然后画出一条直线，如图3.26所示。

Step 6 选中直线，使用【重建 】命令（如图3.27所示），将直线的点数重建为5个点，如图3.28、图3.29所示。

Step 7 选取重建的直线，开启控制点，在Right视图里面将直线中间的点向上拉起一定距离，如图3.30所示。

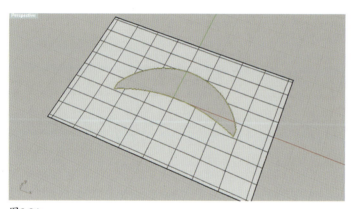

图3.24

图3.25

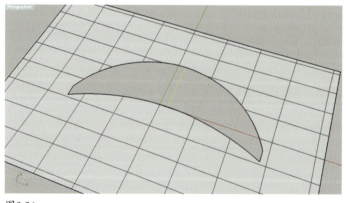

图3.26

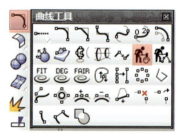

图3.27

Step 8 在Perspective视图里面，使用【网格建立曲面 】命令，如图3.31所示。依次选择四条曲面边缘线，然后选取中间的断面曲线，建立曲面褶皱如图3.32、图3.33所示。

图3.28

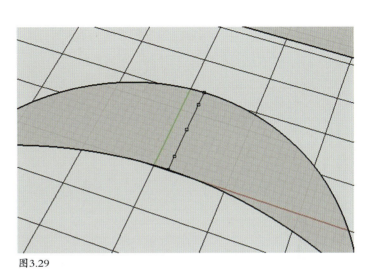

图3.29

图3.30

图3.31

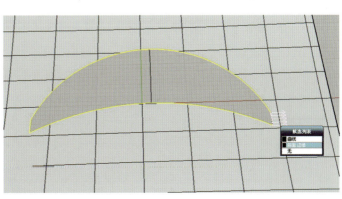

图3.32

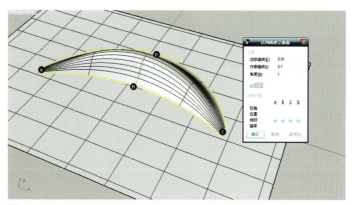

图3.33

3.4 技巧四：三管顺接

Step 1　使用【圆：中心点、半径】命令，正交打开，确定坐标原点（小键盘输入0，按Enter键），如图3.34所示。

注意：确定下一个半径点时，一定按照图上所示。

Step 2　使用【直线挤出 】命令（如图3.35所示）将圆拉伸成圆柱，如图3.36所示。

Step 3　将圆柱向上拉动，开启【正交】，如图3.37所示。

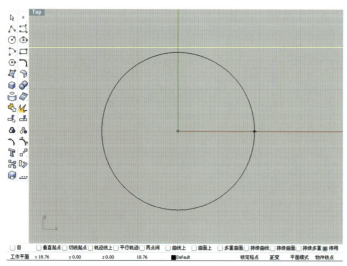

图3.34

图3.35

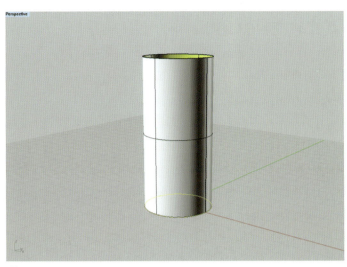

图3.36

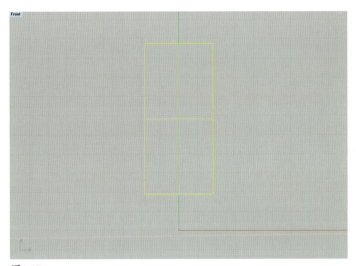

图3.37

Step 4 取消物件结构线。开启【物件属性】命令，选中圆柱形，在旁边属性栏里面，将【显示曲面结构线】中【显示】取消掉，如图3.38所示。

Step 5 使用【抽离结构线】命令（如图3.39所示），并开启【四分点】捕捉，在圆柱里面抽离出三个四分点上的结构线，如图3.40所示。

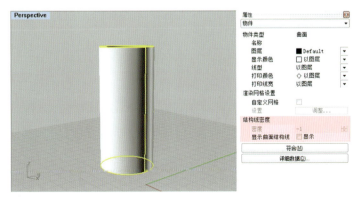

图3.38

图3.39

Step 6 使用【分割边缘】命令（如图3.41所示），在刚才提取的结构线下面，将曲面边缘打断，如图3.42所示。

Step 7 使用【抽离结构线】命令，并开启【中点】捕捉，得到效果如图3.43所示。

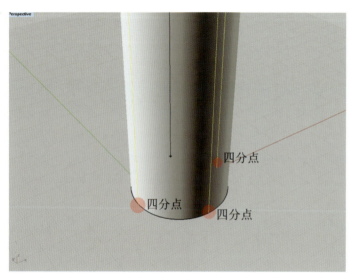

图3.40

图3.41

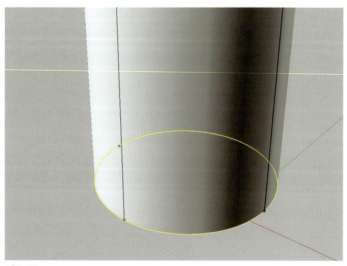

图3.42

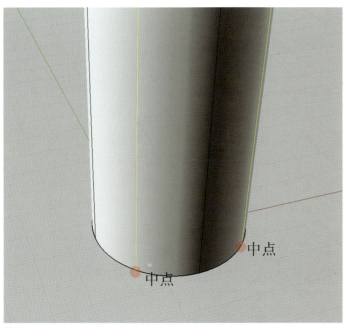

图3.43

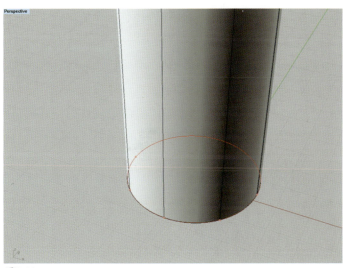

图3.44

图3.45

Step 8 使用【分割边缘】命令,在刚才提取的结构线下面,将曲面边缘打断,如图3.45所示。

Step 9 选中所有曲面及曲线,使用【环形阵列 】命令(如图3.45所示),然后在Front视图中确定坐标原点(小键盘输入0,按Enter键)为阵列圆形点,阵列数为3个,如图3.46、图3.47所示。

Step 10 使用【混接曲线】命令（如图3.48所示）选取对应两个面上抽离出的结构线进行连接，如图3.49所示。

Step 11 依次将中间空缺面的结构线混接出来，如图3.50所示。

Step 12 使用【双轨扫掠】命令将面补出来，如图3.51所示。

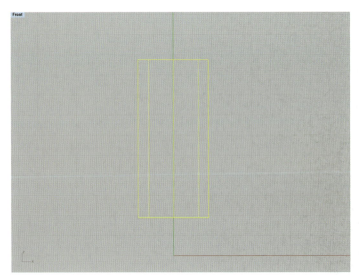

图3.46

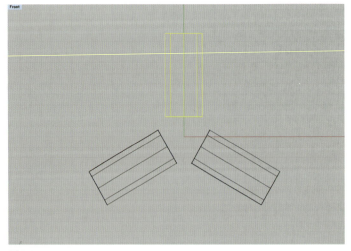

图3.47

图3.48

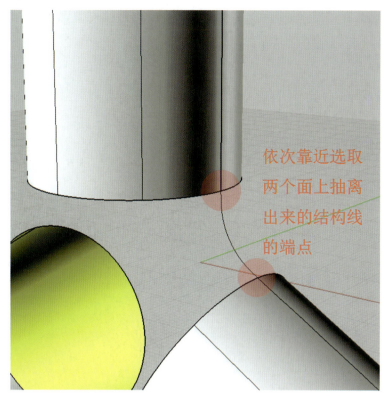

图3.49

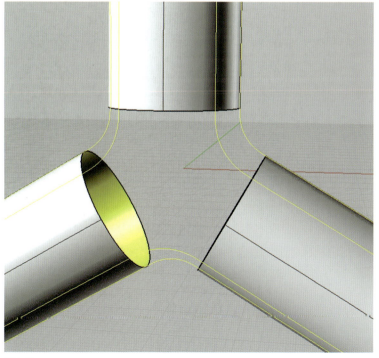

图3.50

Step 13 使用【嵌面】命令（如图3.52所示），选取中间空面上的【曲面边缘】，确定后弹出对话框，勾选【调整切线】、【自动修剪】，预览后确定，如图3.53所示。

Step 14 选中合并的曲面（如图3.54所示），使用【镜像】命令（如图3.55所示），在镜像点选择坐标原点（小键盘输入0，按Enter键）进行对应的镜像（注意要开启【正交】），如图3.56所示。

最终效果如图3.57所示。

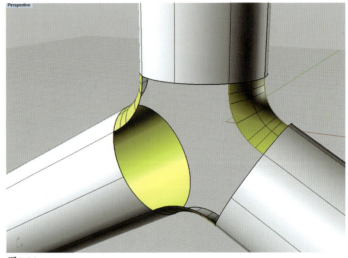
图3.51

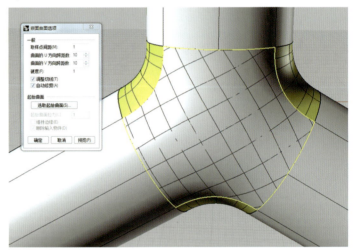
图3.53

图3.52

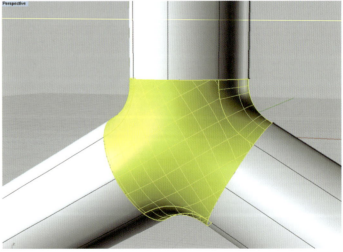
图3.54

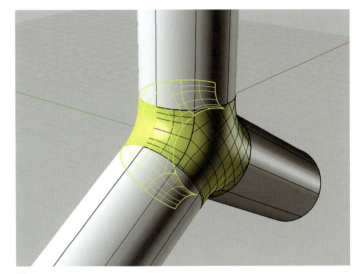

图3.55

图3.56

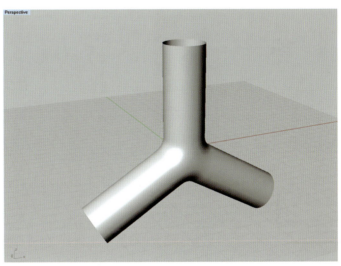

图3.57

3.5 技巧五：啤酒瓶盖制作

Step 1 画出曲线，如图3.58所示。

Step 2 选中曲线，使用【曲面】里面的【旋转成形】命令，得到图形如图3.59所示。

Step 3 使用【曲面工具】里面的【重建曲面】命令，将曲面重建。出现对话框，将里面点数的U、V值都调成"22"（偶数即可），如图3.60所示。

Step 4 选中重建好的曲面，将曲面的控制点打开，依次选中控制点，如图3.61所示。

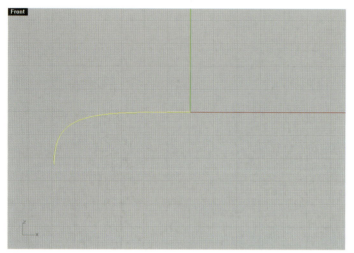

图 3.58

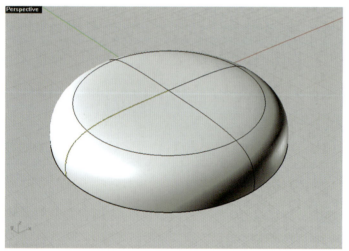

图 3.59

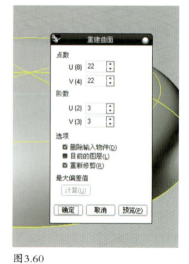

图 3.60

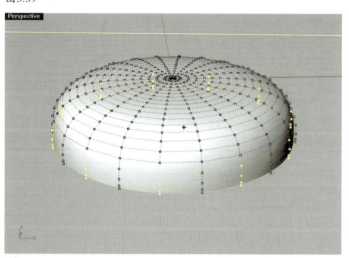

图 3.61

3 Rhino 技巧训练

Step 5 使用【三轴缩放 】命令,将选中的控制点进行压缩,得到效果如图3.62所示。

Step 6 使用【曲面工具】里面的【延伸未修建的曲面 】命令,将盖子底部边缘加长,得到效果如图3.63所示。

Step 7 将物体的控制点打开,选中底部控制点,如图3.64所示。

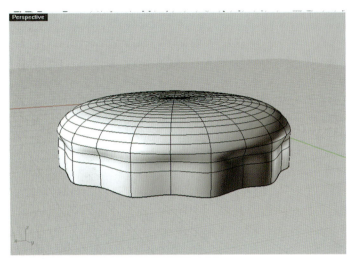

图3.62

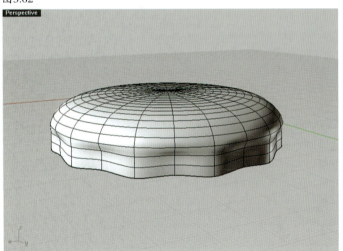

图3.63

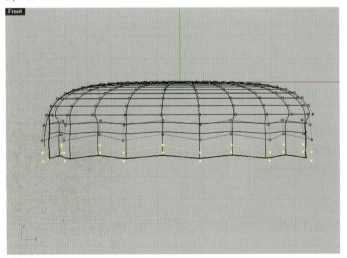

图3.64

59

Step 8 使用【三轴缩放】命令，将选中的控制点向外扩大，得到效果如图3.65所示。

Step 9 加厚度。选中曲面，使用【曲面工具】里面的【偏移曲面 】命令，向里面偏移一个曲面，得到效果如图3.66所示。

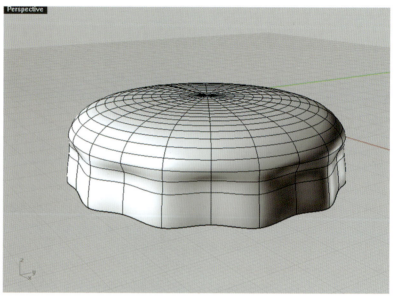

图3.65

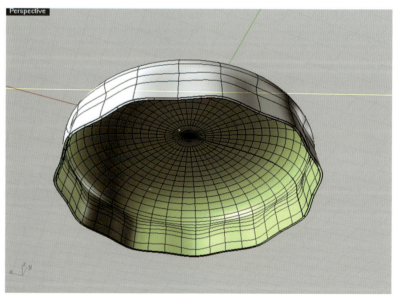

图3.66

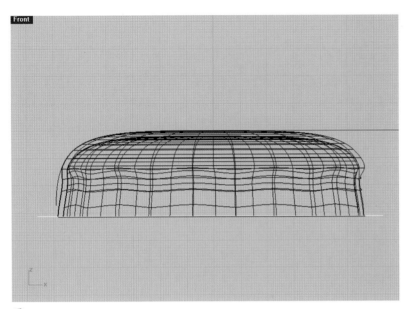

图3.67

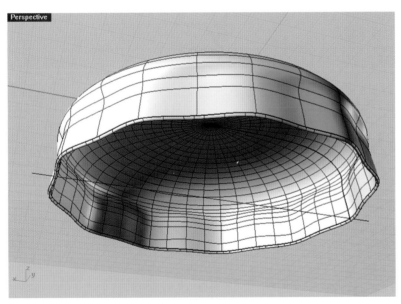

图3.68

Step 10 画出一条直线,将盖子底部剪平,如图3.67所示。

Step 11 使用【曲面工具】里面的【混接曲面】命令,将底部封闭起来,如图3.68所示。

4 平板电脑制作

4 平板电脑制作

4.1 平板电脑大形制作

Step 1　在Top视图里面，画出如图4.1所示的矩形。

Step 2　选中画好的矩形，使用【挤出封闭的平面曲线 】命令（如图4.2所示），将矩形拉伸成体，如图4.3所示。

Step 3　使用【不等距圆角 】命令（如图4.4所示），将黄线部分进行大圆角，其余部分小圆角（倒角数据是大圆角为1.6，小圆角为0.3），如图4.5所示。倒角确定后，效果如图4.6所示。

图4.1

图4.2

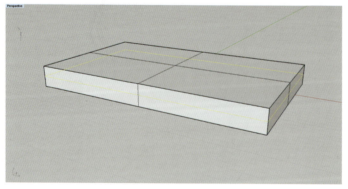

图4.3

图4.4

Step 4 在Top视图里面使用【直线：从中心点 】命令（如图4.7所示），然后以坐标原点为中点画出如图4.8所示两条相互垂直的直线。

Step 5 选中两条画好的直线，使用【投影至曲面】命令，将两条直线投影到实体上，如图4.9所示。

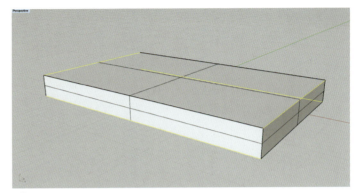

图4.5

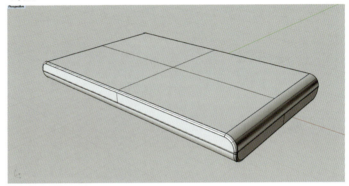

图4.6

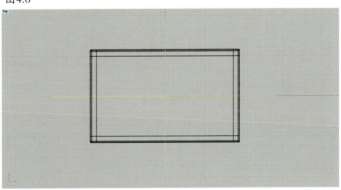

图4.7

图4.8

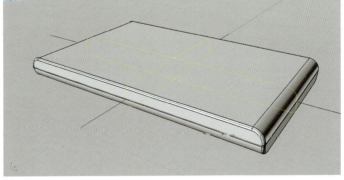

图4.9

Step 6 选中两个投影到实体的曲线,将其他部分隐藏。使用【炸开 】命令,将两条曲线炸开,保留如图4.10所示的曲线,将其合并。

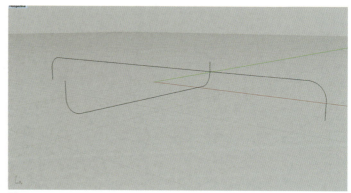
图4.10

Step 7 选中两条曲线,使用【开启控制点 】命令,开启曲线的控制点,选中如图4.11所示的控制点,分别向两侧拉伸,如图4.12所示。

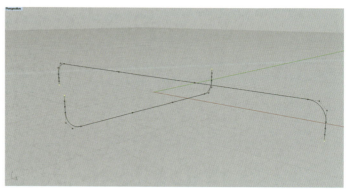
图4.11

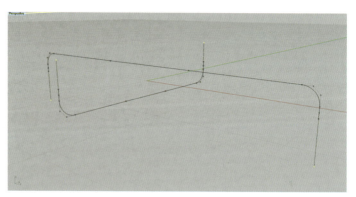
图4.12

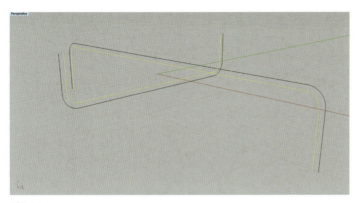

图4.13

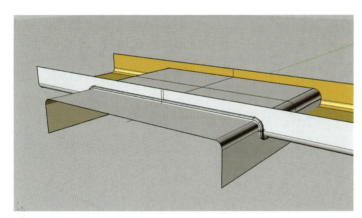

图4.14

图4.15

Step 8 使用【曲线偏移 】命令，将两条曲线向内偏移一定距离，如图4.13所示。

Step 9 显示所有物件，将偏移的曲线分别使用【直线挤出 】命令拉伸出两个超过实体的曲面，如图4.14所示。

Step 10 选中实体，点选【实体工具】里面的【布尔运算分割 】命令（如图4.15所示），再选择分割用的多重曲面（这里选择的是两个曲面），将曲面分割成三个实体，如图4.16所示。在【实体工具】里面选择【不等距边缘圆角】命令,将物体圆角处理,如图4.17所示。

Step 11 在Top视图里面,画出如图4.18所示的矩形。

Step 12 选中画好的矩形,使用【挤出封闭的平面曲线】命令将矩形拉伸成体,与实体的顶面相交,如图4.19所示。

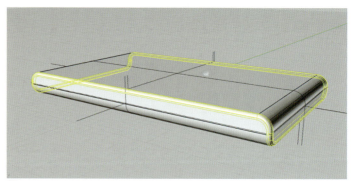

图4.16

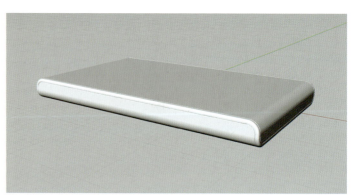

图4.17

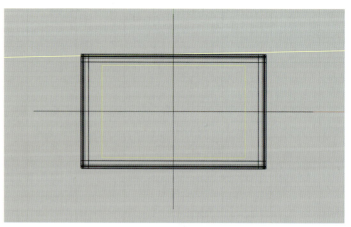

图4.18

ART DESIGN

4 平板电脑制作

Step 13 选中如图4.20所示的实体，点选【实体工具】里面的【布尔运算分割】命令，再选择分割用的多重曲面（这里选的是矩形体），将屏幕部分与顶面分离开，如图4.21所示。在【实体工具】里面选择【不等距边缘圆角】命令，将物体圆角处理，如图4.22所示。

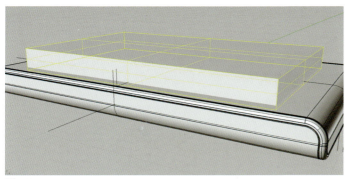

图4.19

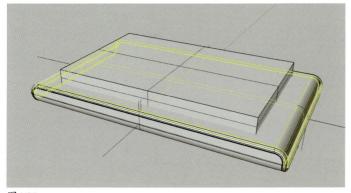

图4.20

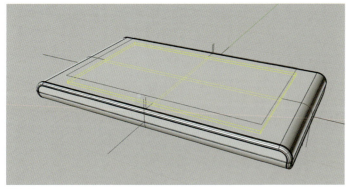

图4.21

图4.22

4.2 细节制作

Step 1 在Front视图里面，画出如图4.23所示的按键形状。

Step 2 选中按键形状，使用【挤出封闭的平面曲线】命令将按键形状拉伸成体，与实体侧面相交，如图4.24所示。

Step 3 选中如图4.25所示的实体，点选【实体工具】里面的【布尔运算分割】命令，再选择分割用的多重曲面（这里选择的是四

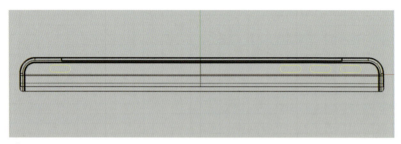

图4.23

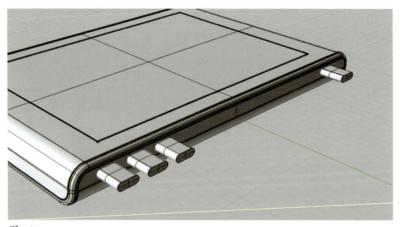

图4.24

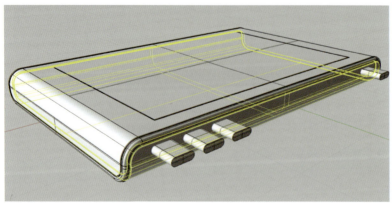

图4.25

图4.26

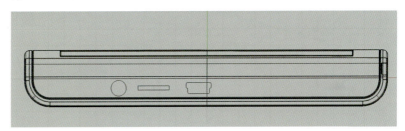

图4.27

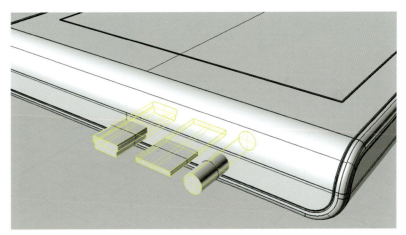

图4.28

个按键的实体），确定后删除四个按键实体。使用【实体工具】里面的【不等距边缘圆角】命令，将物体圆角处理，如图4.26所示。

Step 4 在Right视图里面画出耳机接口、SD卡槽、USB接口槽的形状，如图4.27所示。

Step 5 选中三个画好的形状，使用【挤出封闭的平面曲线】命令将形状拉伸成体，与实体侧面相交，如图4.28所示。

Step 6 选中实体，使用【布尔运算差集 】命令（如图4.29所示），再选中生成的实体进行挖槽处理，在挖槽部分画出如图4.30所示的图形。

Step 7 选中如图4.31所示的图形，使用【挤出封闭的平面曲线】命令并进行圆角处理，如图4.32所示。

图4.29

图4.30

图4.31

图4.32

Step 8 在切槽部分画出如图4.33所示的图形。

Step 9 选中两个图形，使用【挤出封闭的平面曲线】命令将其拉伸成实体并进行圆角处理，如图4.34所示。

最终效果如图4.35所示。

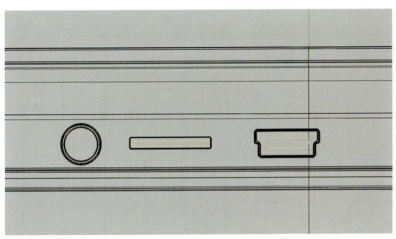

图4.33

图4.34

图4.35

课后练习：制作如图4.36所示产品。

提示：首先观察物体的大截面线，进行大形的拉伸。再用布尔运算工具进行差集及分割的运算，做产品细节的分割。

图4.36

5

2006 世界杯"+团队之星"足球制作

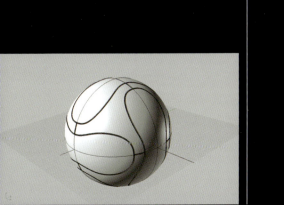

5 2006世界杯"+团队之星"足球制作

5.1 "+团队之星"足球制作

Step 1   在Top视图中使用【球体】命令,如图5.1所示。以坐标原点(小键盘输入0,回车)为中心点画出一个圆球,如图5.2所示。

图5.1

Step 2   使用【控制点曲线】命令,画出如图5.3所示曲线。

Step 3   选中画好的曲线,使用【镜像】命令(如图5.4所示),镜像点选择坐标原点(小键盘输入0,回车),进行对应的"镜像",开启【正交】,得到效果如图5.5所示。

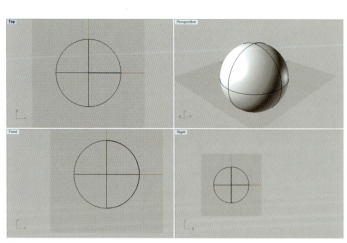

图5.2

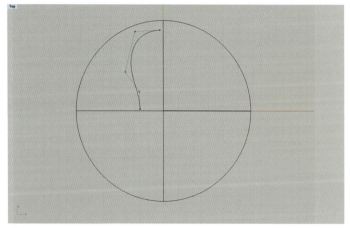

图5.3

图5.4

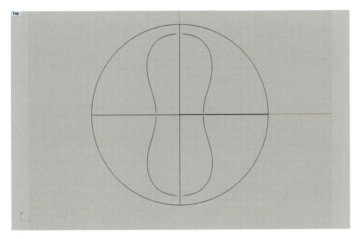

图5.5

图5.6

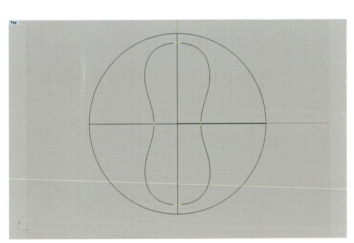

图5.7

Step 4 镜像出四条曲线，使用【混接曲线 】命令（如图5.6所示），依次连接未连接的部分，如图5.7所示。再使用【组合 】命令，将封曲线合并。

Step 5 将合并好的形状，进行复制/粘贴（Ctrl+C/Ctrl+V），再创建一个一样的形状在其他视图中使用。选中其中一个曲线，在Front视图中使用【旋转 】命令，使用坐标原点（小键盘输入0，回车），开启【正交】，旋转90度。如图5.8~图5.10所示。

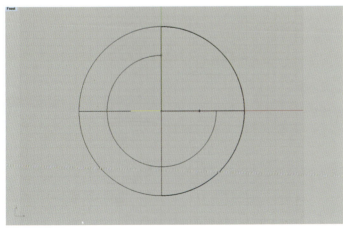

图5.8

Step 6 在Right视图中，将图形再旋转90°（如图5.11所示），使得两个同样的图形不会有交点，如图5.12所示。

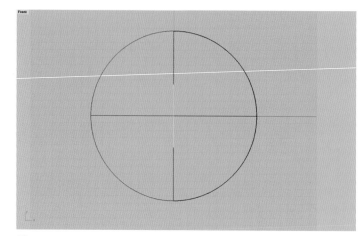

图5.9

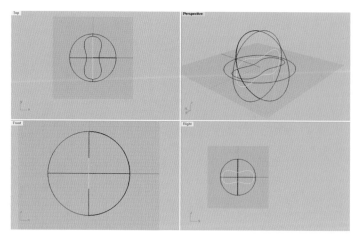

图5.10

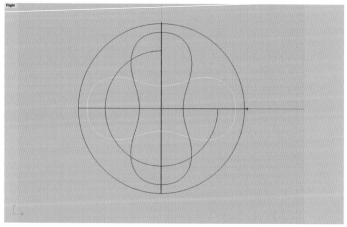

图5.11

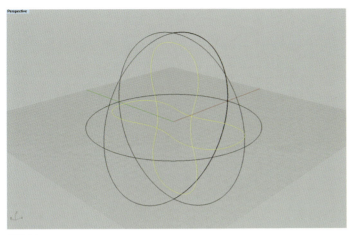

图5.12

Step 7 现在有两个视图有了画出的形状,如图5.13所示。

Front视图中也需要出现一样的曲线。同上步骤,复制粘贴Top视图中的曲线,先在Right视图中旋转90°,然后在Front视图中再旋转90度,如图5.14所示。

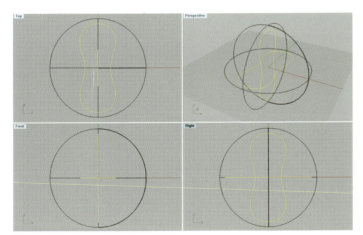

图5.13

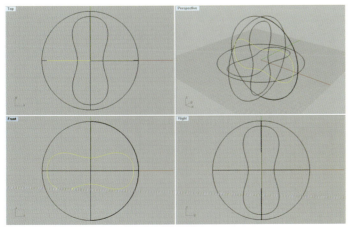

图5.14

Step 8 选中圆球体,使用【分割 】命令,在Perspective视图中框选三个封闭的曲线。将球体进行分割,如图5.15所示。

Step 9 在Top视图中使用【直线:从中点 】命令(如图5.16所示),通过坐标原点画出直线,如图5.17所示。

Step 10 将画出的形状全部隐藏,如图5.18所示。

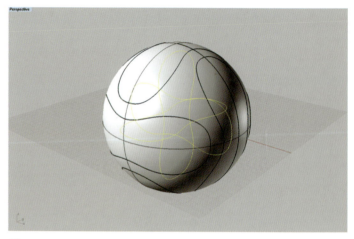

图5.15

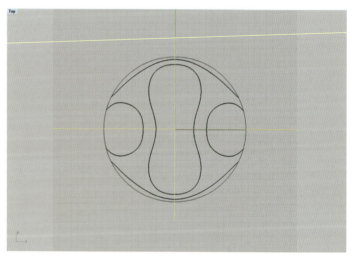

图5.16 图5.17

Step 11 选中球体曲面，使用【分割 】命令，在Perspective视图中框选两个直线，将球体曲面分割，如图5.19所示。再到Front视图中选中被分割的四个面继续分割一次，如图5.20所示，出现单独的回形镖形状。

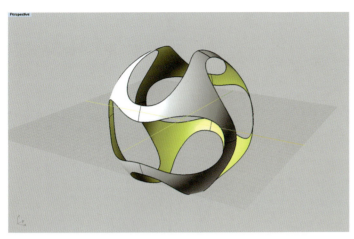

图5.18

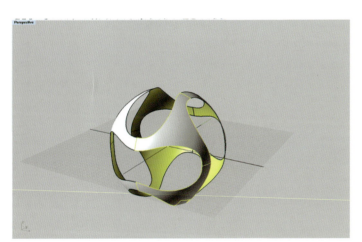

图5.19

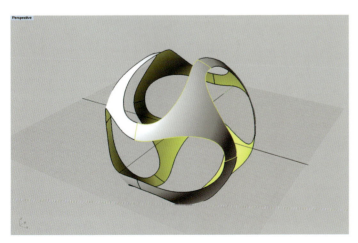

图5.20

5.2 足球细节制作

Step 1 选中一个回形镖形状,将其他部分删除掉,如图5.21所示。其他部分其实都是由这个形状组成的。所以只要把这个形状制作好,其他部分就可以通过【镜像】命令进行复制来完成了。

Step 2 选中形状,使用【偏移曲面 】命令(如图5.22所示)将这个面偏移一个一样的面出来(注意要往里面偏移),让这个面有一定厚度,如图5.23所示。

Step 3 使用【放样 】命令(如图5.24所示)将两个面之间的部分依次对应地补起来,再将所有面合并成实体,如图5.25和图5.26所示。

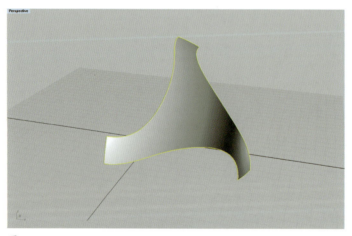

图5.21

图5.22

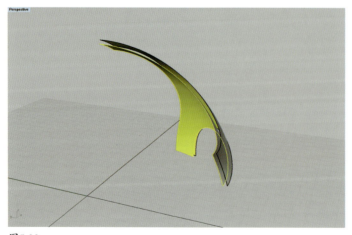

图5.23

图5.24

Step 4 使用【实体工具】里面的【不等距边缘倒角 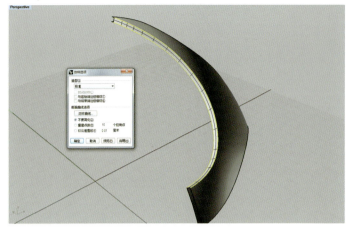】命令（如图5.27所示），将合并好的实体进行圆角处理，圆角值一定要小。得到效果如图5.28所示。

图5.25

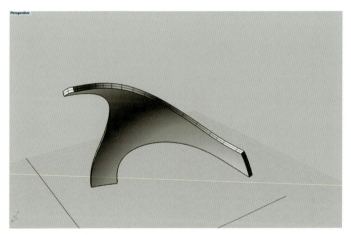

图5.26

图5.27

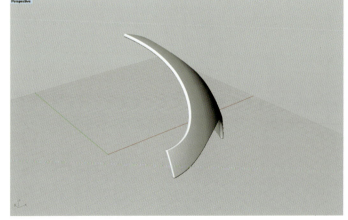

图5.28

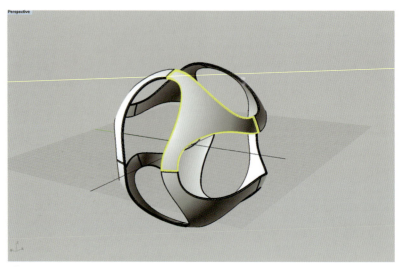

图5.29

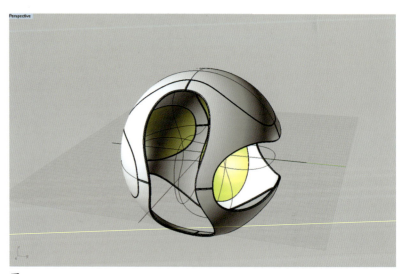

图5.30

Step 5 选中实体,使用【镜像】命令,选择坐标原点(小键盘输入0,回车)为镜像点进行对应的镜像(注意要开启【正交】),如图5.29所示。

Step 6 将隐藏的物件显示出来,再将相应的面删除,如图5.30所示。

ART DESIGN

5 2006世界杯"+团队之星"足球制作

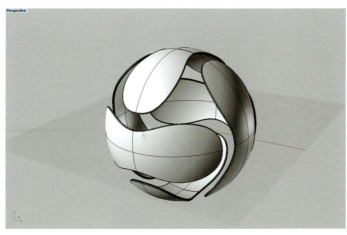

Step 7 选中留下来的三个曲面,把其他的隐藏。进行加厚度,倒角(倒角大小与回形镖倒角面大小一致)处理。再进行对应的镜像,如图5.31所示。

Step 8 将隐藏的全部显示出来,如图5.32所示。

渲染,完成效果如图5.33所示。

图5.31

图5.32

图5.33

85

课后练习： 制作如图5.34所示产品。

提示： 使用椭圆体制作大形。画出相对应的路径曲线进行分割面，再加厚度进行圆角处理。

图5.34

6 手电制作

6.1 手电大形制作

Step 1 画出手电的大外框,如图6.1所示。

Step 2 使用【曲面】里面的【双轨扫掠 】命令,得到效果如图6.2所示。

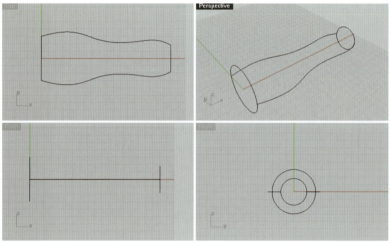

图6.1

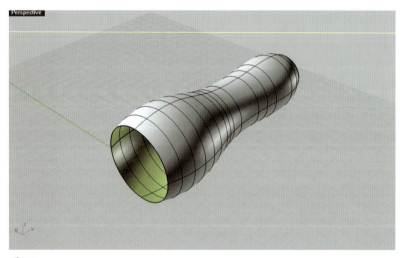

图6.2

6.2 手电细节制作

6.2.1 厚度制作

Step 1 选取前面大圆，使用【曲线工具】里面的【偏移曲线】命令，偏移一定距离，如图6.3所示。

Step 2 使用【曲面】里面的【放样】命令，将选取的两个圆进行放样，以生成手电的厚度，如图6.4所示。

Step 3 使用【曲面】工具里面的【直线挤出】命令，选取内侧曲线进行拉伸，如图6.5所示。

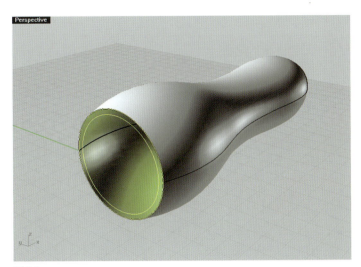

图6.3

图6.4

图6.5

Step 4 手电尾部用同样的方法，进行加厚度，如图6.6所示。

6.2.2 手电反光镜制作

Step 1 使用【曲面】里面的【嵌面 】命令，选中圆柱内部的边缘，出现对话框，将【调整切线】关闭，【自动修剪】打开，如图6.7所示。将生成出来的圆面向前移动，如图6.8所示（为了避免反光镜与手电筒合并，两个物件为不同材质）。

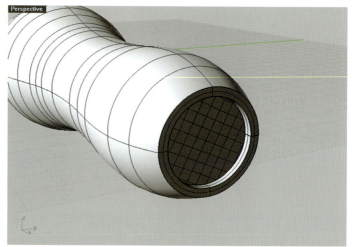

图6.6

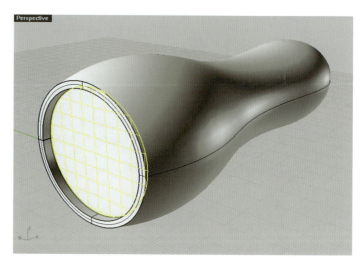

图6.7

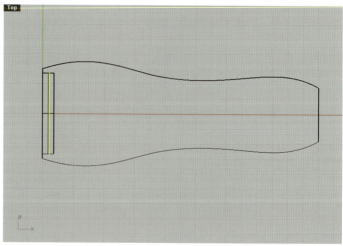

图6.8

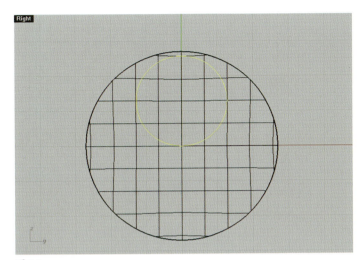

图6.9

Step 2 选中曲面圆形，将其他物件隐藏。在Right视图中使用【圆】里面的【圆：直径 】命令。确定坐标原点（小键盘输入0，回车），圆的第二个点不要超过曲面边缘，如图6.9所示。

Step 3 选择【点 】命令，将【物件锁点】工具栏里面的【中心点】打开，找到圆的中心点，如图6.10所示。

Step 4 将圆和点移动位置，圆靠近曲面，如图6.11所示。

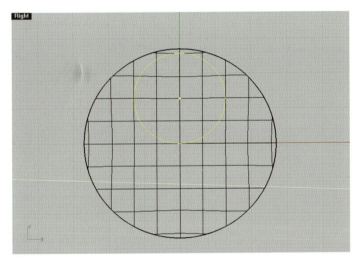

图6.10

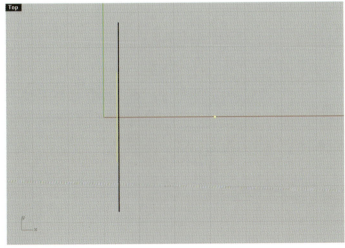

图6.11

Step 5 使用【曲面】里面的【放样】命令，依次选择圆和点，放样成圆锥形，如图6.12所示。注意，圆锥出来后一定要看看有颜色面是不是朝着圆锥里面，为后面的布尔运算准备。

Step 6 选择圆锥，使用【变动】里面的【环形阵列】命令，输入小键盘0，回车，确定坐标原点（要在Right视图里面进行）。将信息栏里面的【项目数】输入为【5】，如图6.13所示。

Step 7 选中被减物（反光镜子的曲面），使用【实体工具】里面的【布尔运算差集】命令，再选中5个圆锥形，如图6.14所示。

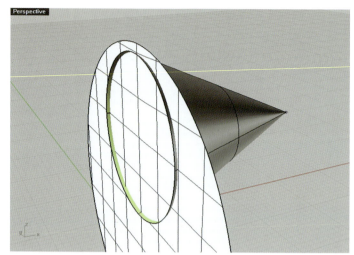

图6.12

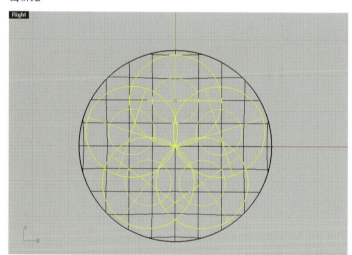

图6.13

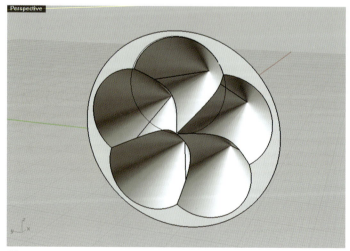

图6.14

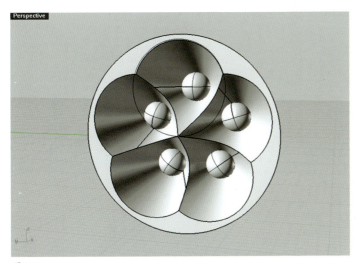

图6.15

Step 8 加入灯泡，用五个圆球体来代替，如图6.15所示。

6.2.3 手电前盖制作

Step 1 在Top视图里面画出两条直线，如图6.16所示。

Step 2 选中矩形，使用【曲面】里面的【直线挤出】命令拉伸出平面，如图6.17所示。

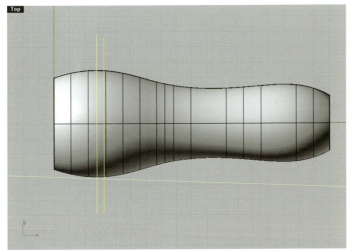

图6.16

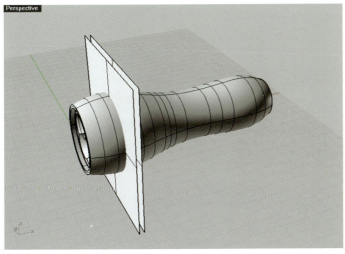

图6.17

Step 3 使用【实体工具】里面的【布尔运算分割】 】命令。先点选命令，再选择要被分割的曲面或多重曲面（这里也就是实体了），点击确定。然后选择切割用的曲面（这里同时选取两个曲面），确定。这样，原来的实体就被两个面分成为三个实体了，如图6.18所示。要注意分割完后原先的实体有可能还存在，这时要选中该实体将其删除掉。

6.2.4 手电纹路及按键制作

Step 1 在Top视图里面画出两条直线，如图6.19所示。

Step 2 选中矩形，使用【曲面】里面的【直线挤出】命令拉伸出平面，如图6.20所示。

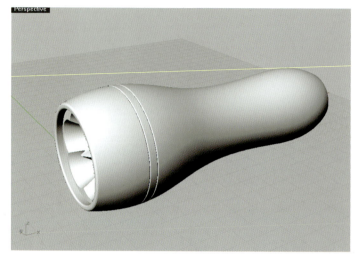
图6.18

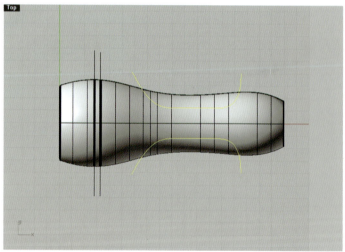
图6.19

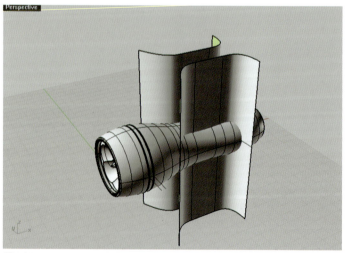
图6.20

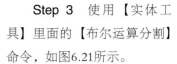

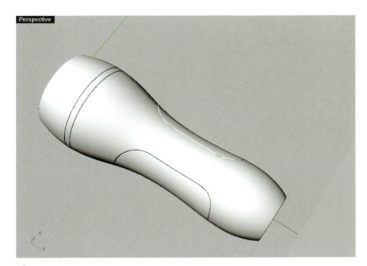

Step 3 使用【实体工具】里面的【布尔运算分割】命令,如图6.21所示。

Step 4 在Top视图里面画出曲线,如图6.22所示。

Step 5 在Top视图中选择3条曲线,使用【从物件建立曲线】里面的【投影至曲面】命令,投影至物体上,如图6.23所示。

图6.21

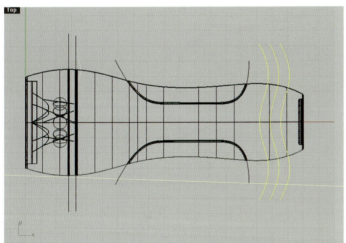

图6.22

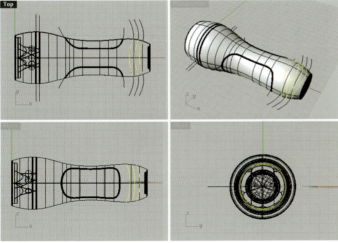

图6.23

Step 6 使用【实体】里面的【圆管 】命令,画出圆管,如图6.24所示。圆管半径值一定要小,否则会影响最终的整体效果。

Step 7 先选中部件,再使用【实体工具】里面的【布尔运算差集】命令,然后点选圆管(如图6.25所示)进行布尔差集运算,并将其进行圆角处理。

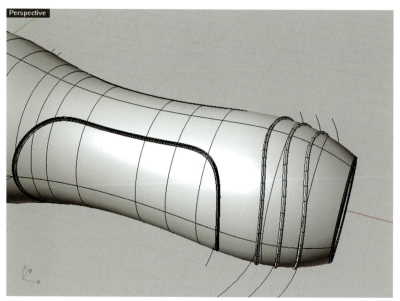

图6.24

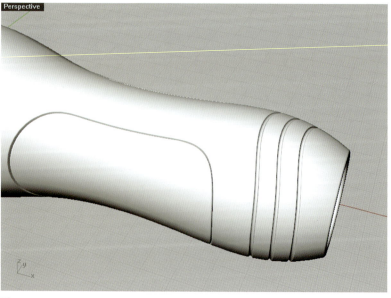

图6.25

Step 8 在 Top 视图里面建立两个大小不同的圆，移动小圆的位置，如图6.26所示。

Step 9 使用【放样】命令做出如图6.27所示的曲面。

Step 10 使用【嵌面】命令，将上面的曲面补上（如图6.28所示），合并之后进行圆角处理，如图6.29所示。

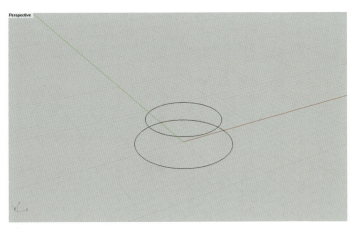

图6.26

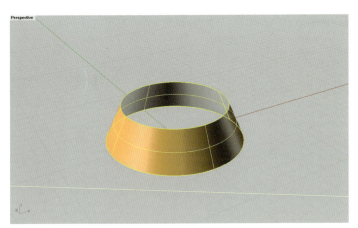

图6.27

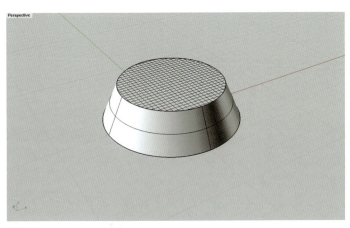

图6.28

Step 11 在物件上面添加一个圆柱当做按键开关（如图6.30所示），再进行圆角处理，如图6.31所示。

Step 12 将做好的按键旋转移动到手电筒相应位置，如图6.32所示。

加上简单的材质后最终完成效果如图6.33所示。

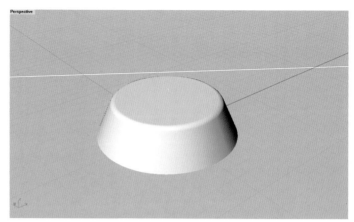

图6.29

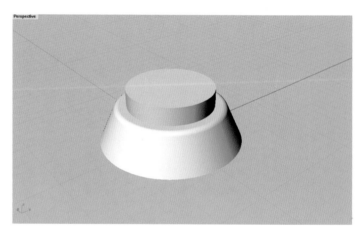

图6.30

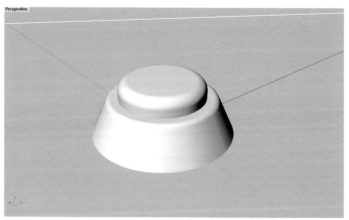

图6.31

图6.32

图6.33

课后练习：制作如图6.34所示电吹风机。

提示：使用双轨扫掠制作产品大形的面，再使用布尔运算进行细节的制作。

图6.34

7

运动水壶

7 运动水壶

7.1 运动水壶大形制作

Step 1 在Front视图里面，画出如图7.1所示的大形边缘线。

Step 2 使用【旋转成形 】命令（如图7.2所示），确定坐标原点（小键盘输入0，回车）为旋转轴点，在Front视图里面，开启【正交】，向上拉出旋转轴（如图7.3所示），确定后旋转成实体，如图7.4所示。

图7.1

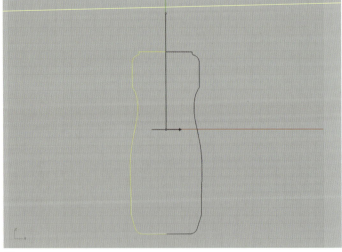

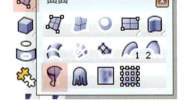

图7.2

图7.3

图7.4

7.2 运动水壶盖子部分制作

Step 1 在Perspective视图里面,使用【挤出封闭的平面曲线 】命令,将水壶最上面的边缘线进行拉伸成体,如图7.5所示。

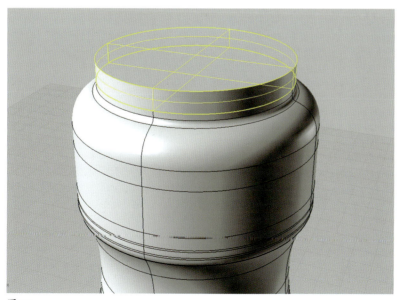

图7.5

Step 2 选中拉伸的体块，将其他部分隐藏。在Top视图里面画出一个圆，如图7.6所示。再使用【挤出封闭的平面曲线】命令将圆进行拉伸成体，如图7.7所示。

Step 3 使用【布尔运算并集 】命令，将两个相交的体块合并成一个体。在Top视图里面画出圆，如图7.8所示。

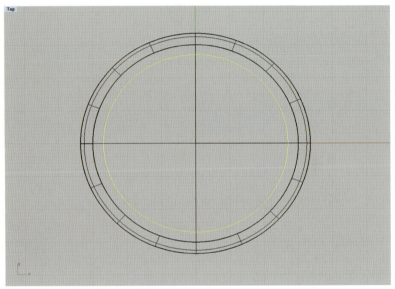

图7.6

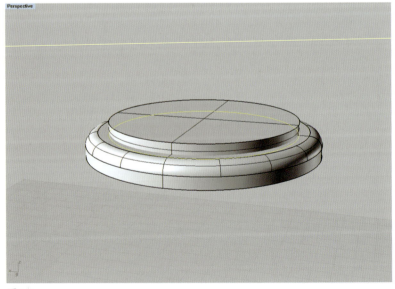

图7.7

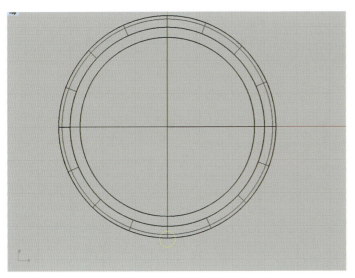

图7.8

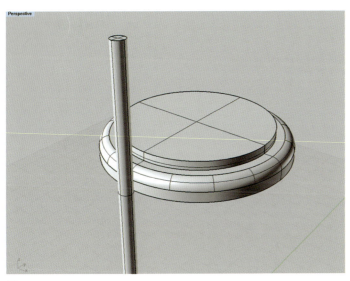

图7.9

图7.10

Step 4 选中圆，使用【挤出封闭的平面曲线】命令将圆进行拉伸成体，与圆盘相交，如图7.9所示。

Step 5 选中圆柱，在Top视图中确定坐标原点（小键盘输入0，回车）为中心点，阵列数对应自己模型的尺寸确定数值，使用【环形阵列 】命令（如图7.10所示），得到效果如图7.11所示。

Step 6 选中中间的实体，使用【布尔运算差集 】命令（如图7.12所示），再全选所有圆柱，进行挖槽处理，得到效果如图7.13所示。

Step 7 使用【挤出封闭的平面曲线】命令将水壶盖最上面的边缘线拉伸成体，如图7.14所示。

Step 8 使用【不等距圆角 】命令（如图7.15所示）将所有部分进行圆角处理，如图7.16所示。

图7.11

图7.12

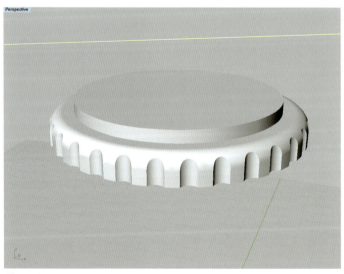

图7.13

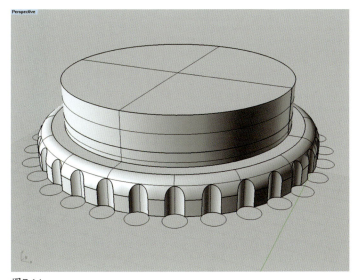

图7.14

图7.15

图7.16

7.3 运动水壶细节制作

7.3.1 细节制作

Step 1 选中瓶身部分,将瓶盖部分隐藏。在Front视图里面画出两条直线,如图7.17所示。

Step 2 使用【直线挤出 】命令(如图7.18所示)将画好的直线拉伸成体。如图7.19所示。

Step 3 使用【实体工具】里面的【布尔运算分割】命令（如图7.20所示）将实体进行分割，再进行圆角处理，如图7.21所示。

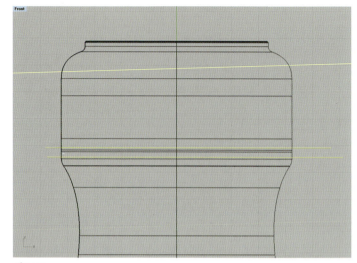

图7.17

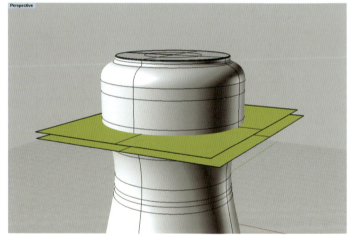

图7.18

图7.19

图7.20

图7.21

Step 4 在 Front视图里面画出矩形,如图7.22所示。

Step 5 使用【挤出封闭的平面曲线】命令将倒角矩形拉伸成体,如图7.23所示。

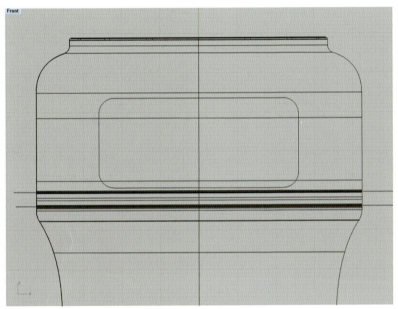

图7.22

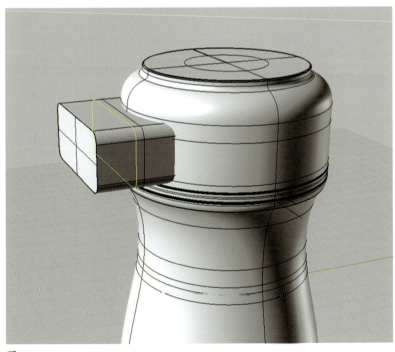

图7.23

Step 6 使用【实体工具】里面的【布尔运算分割】命令将实体进行分割，再进行圆角处理，如图7.24所示。

7.3.2 运动水壶显示屏制作

Step 1 在Front视图里面画出屏幕显示及纹路，注意显示的是线框图，如图7.25所示。

图7.24

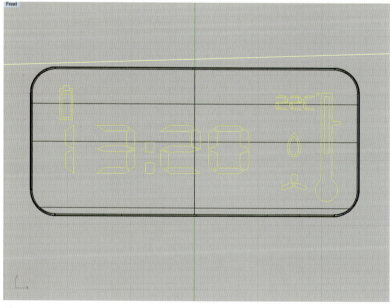

图7.25

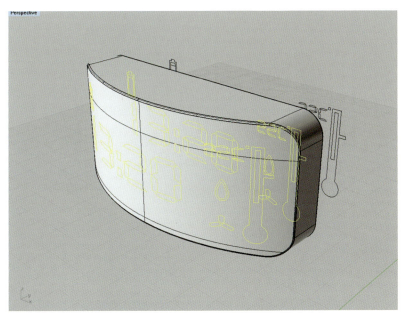

图7.26

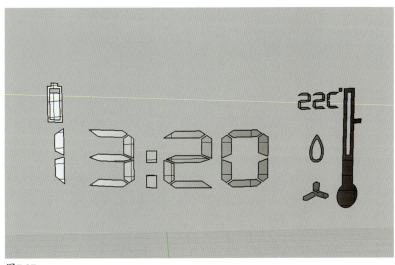

图7.27

Step 2 在Front视图里面,选中所有画好的图案,使用【投影至曲面 】命令,再点选体块,投影到曲面上,如图7.26所示。

Step 3 选中最外面曲面上的图形,使用【嵌面 】命令,将画好的图案嵌入屏幕中,再使用【修剪 】命令,将多余的面修剪掉,如图7.27所示。

Step 4 将图形分别上颜色，如图7.28所示。但是出现的面会有断断续续的感觉，因为生成的面与实体重叠了，选中曲面，将其向外移动，如图7.29所示。

提示： 一般产品的logo也可以按照这个方法贴标志。

Step 5 在Front视图里面画出曲线，如图7.30所示。

图7.28

图7.29

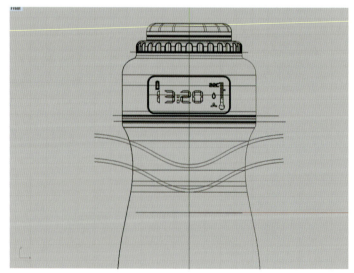

图7.30

7.3.3 纹路制作

Step 1 使用【分割 】命令将实体进行分割,如图7.31所示。

Step 2 将选中的曲面删除掉,选中中间保留的曲面,使用【曲面偏移】命令(如图7.32所示)将中间曲面往里面偏移一定距离,如图7.33、图7.34所示。

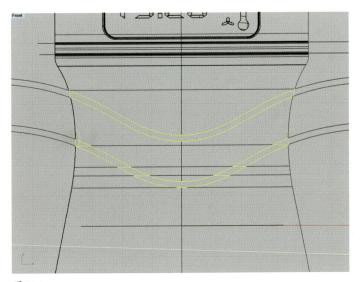

图7.31

图7.32

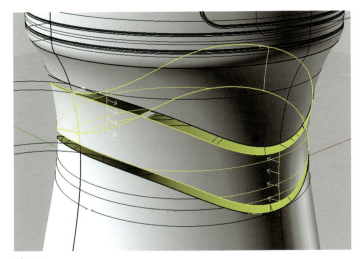

图7.33

Step 3 使用【混接曲面 】命令将空缺面补起来,如图7.35所示。

Step 4 在Front视图里面画出曲线,如图7.36所示。

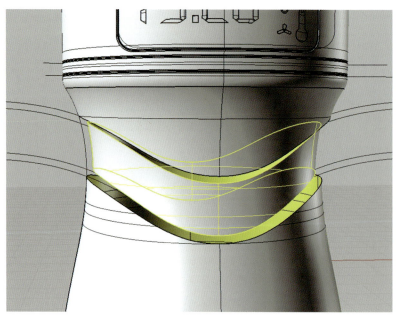

图7.34

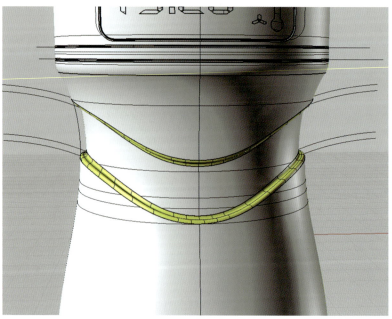

图7.35

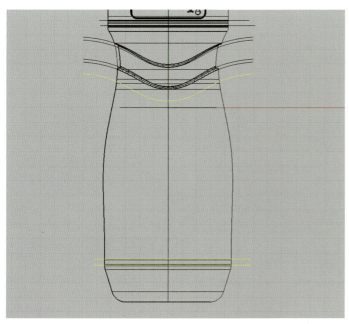

图7.36

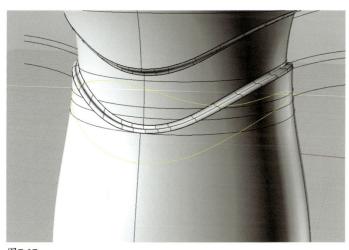

图7.37

图7.38

Step 5 在Front视图里面选中图7.36所示的曲线，使用【投影至曲面 】命令，再点选体块，投影到曲面上，如图7.37所示。

Step 6 选中投影的曲线，使用【圆管 】命令（如图7.38所示）画出相对应大小的圆管，如图7.39所示。再使用【布尔运算差集】命令将实体挖出凹槽并进行圆角处理，如图7.40所示。

Step 7　选中底部的两条直线，拉伸成面，如图7.41所示。

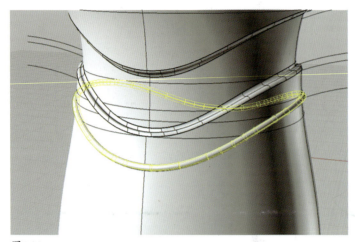

图7.39

图7.40

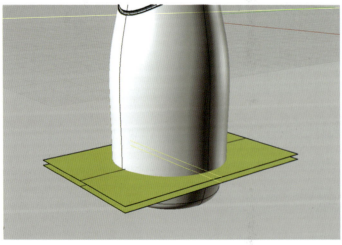

图7.41

Step 8 使用【实体工具】里面的【布尔运算分割】命令将实体进行分割,再进行圆角处理,如图7.42所示。

Step 9 在Front视图里面画出曲线,如图7.43所示。

图7.42

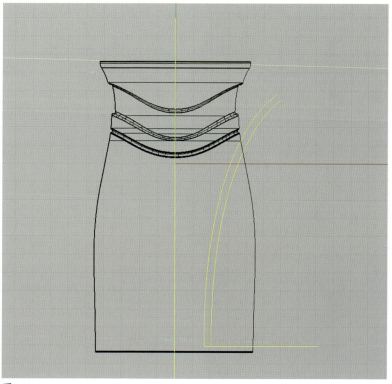

图7.43

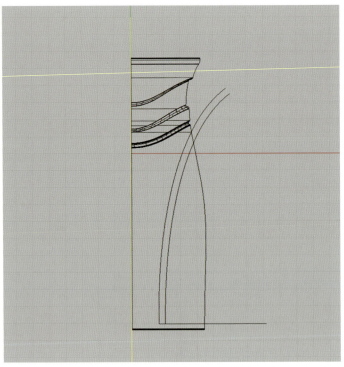

图7.44

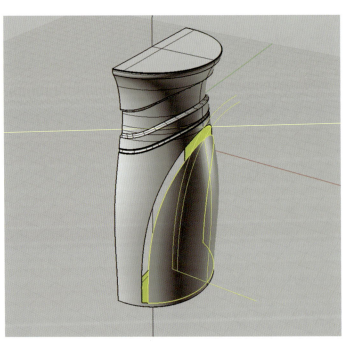

图7.45

Step 10　选中直线,使用【修剪】命令,将其中一半修剪掉,如图7.44所示。

Step 11　选中曲面,使用【分割】命令,再点选曲线,将曲面进行分割,将中间面删除掉,如图7.45所示。

Step 12　选中分割出来的曲面,使用【缩回已修剪曲面 】命令,如图7.46所示。再打开曲面控制点,如图7.47所示。

Step 13 选中上面几排控制点,如图7.48所示,在侧面,将其往里面移动一定距离,如图7.49所示。

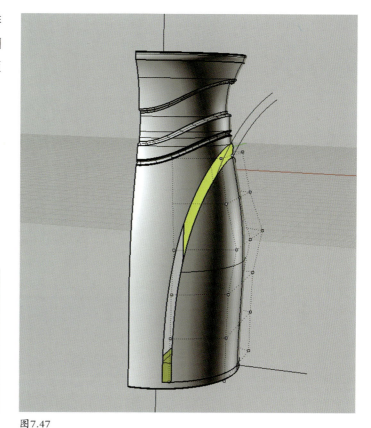

图7.46

图7.47

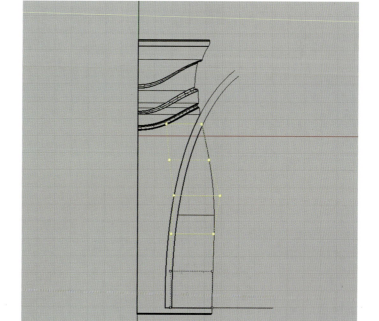

图7.48

Step 14 使用【混接曲面】命令将空缺面补起来，如图7.50所示。再将整个曲面进行镜像，如图7.51所示。

渲染后最终效果如图7.52所示。

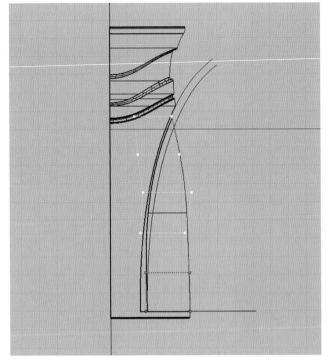

图7.49

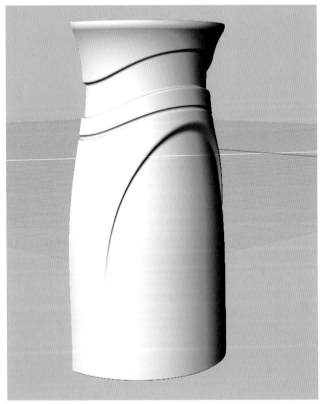

图7.50

图7.51

图7.52

课后练习：制作如图7.53所示咖啡机。

提示：使用旋转成形工具，将产品的大形制作出来，再使用布尔运算工具进行细节的制作。

图7.53

8 电熨斗

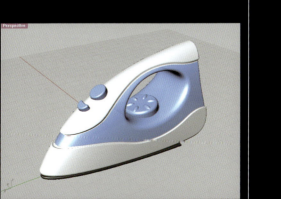

8 电熨斗

8.1 电熨斗大形制作

Step 1 画线。这是为电熨斗的大形做准备，使用【控制点曲线】命令将整体大形画出来。注意线要简洁，控制点尽量要少。

Step 2 在Top视图使用【控制点曲线】画出电熨斗底面，如图8.1所示。注意一般画对称形状时，以原点为对称轴，只用画出该形状一半的形态。

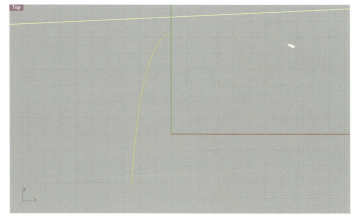

图8.1

Step 3 选中画好的曲线，使用【移动 （变动）】里面的【镜像】命令，小键盘输入0，回车，确定原点。将【正交】打开，得到图形如图8.2所示。

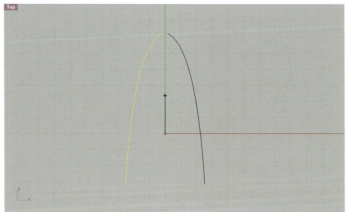

图8.2

Step 4 使用【曲线圆角】里面的【衔接曲线】命令，将两条分离的曲线连接起来，如图8.3所示。

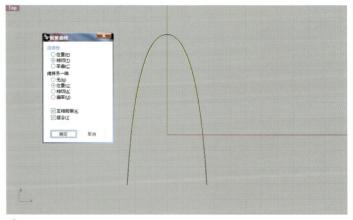

图8.3

图8.4

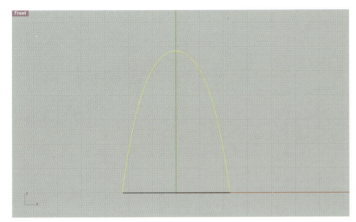

图8.5

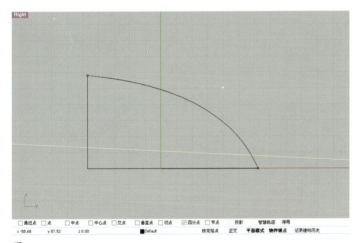

图8.6

Step 5 将【物件锁点】工具条的【端点】捕捉打开，再打开【平面模式】，如图8.4所示。

在Perspective视图中使用【控制点曲线】命令，捕捉到画好曲线的一个端点，在Front视图中画出，如图8.5所示。

Step 6 将【物件锁点】工具条的【四分点】捕捉打开，在Right视图中使用【控制点曲线】，画出如图8.6所示形状。

Step 7 使用【三轴缩放】里面的【单轴缩放】命令，将整体的形状调节一下，如图8.7所示。

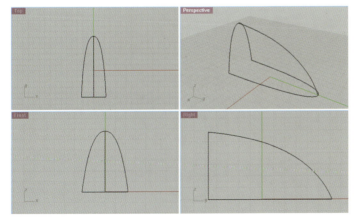

图8.7

8.2 电熨斗形态制作

Step 1 选中所有曲线，使用【曲面】工具里面的【网格建立曲面 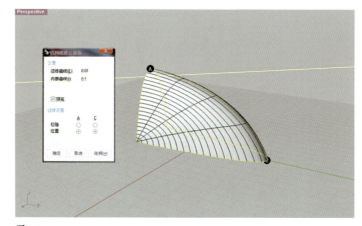】命令，生成曲面，如图8.8所示。

图8.8

提示：曲面已经生成出来后，面的正反面都是一样的颜色，无法用肉眼区分面的正反面，所以要调节一下设置。

打开【选项】，依次点开【外观】——【高级设置】——【着色模式】。在【着色模式】显示的工作栏里面，找到【背面设置】，将下拉栏里面的【使用正面设置】换成【全部背面使用单一颜色】。再将【单一背面颜色】旁的颜色改变一下（注意选择亮一点的颜色，否则不好区分）。光泽度调成"50"，如图8.9所示。

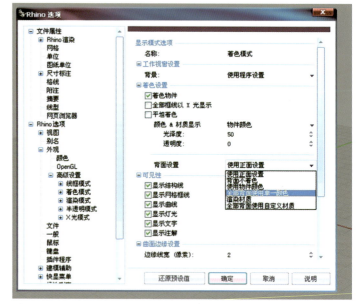

图8.9

Step 2 在Right视图中使用【控制点曲线】画出如图8.10所示图形。

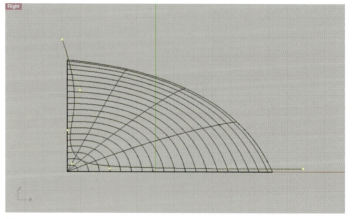

图8.10

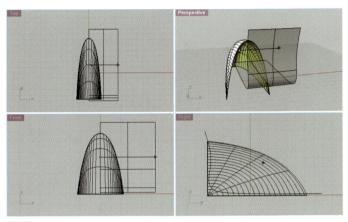

图8.11

图8.12

Step 3 选中曲线,使用【曲面】工具里面的【直线挤出 】命令,将曲线拉伸成曲面,使用单方向拉伸,如图8.11所示。

将顶端工作信息栏里面的【两侧】点成"是",如图8.12所示。

Step 4 曲面生成后,这时就要注意曲面的正反面,使用【分析方向 】命令,将反面(有颜色的面)朝着要被修剪掉的部分,如图8.13所示。

Step 5 选中被剪掉的物体(电熨斗曲面)。使用【实体工具】里面的【布尔运算差集 】命令,再点选曲面,如图8.14所示,将未被封住的曲面补上。

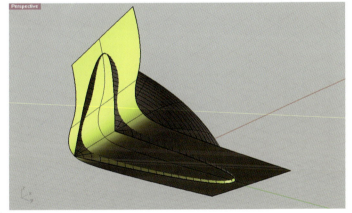

图8.13

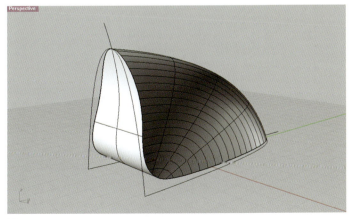

图8.14

8.3 电熨斗细节制作

8.3.1 把手制作

Step 1 接着做电熨斗的把手。先在实体的侧面画出椭圆的环,如图8.15所示。将椭圆进行缩放,变成一个小椭圆,如图8.16所示。

Step 2 选中大椭圆,使用【修剪 ✂】命令,再点选椭圆里面的曲面,将其修剪掉,如图8.17所示。

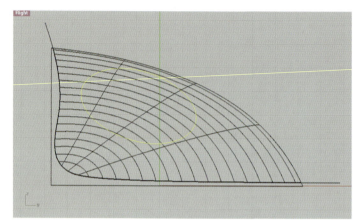

图8.15

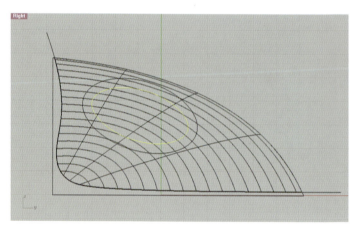

图8.16

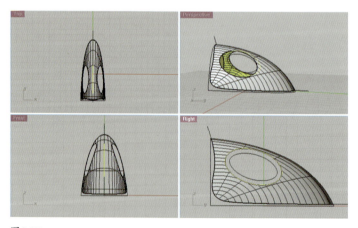

图8.17

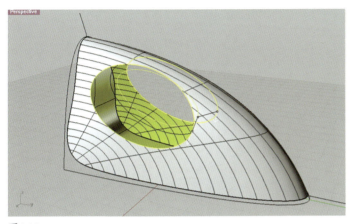

图8.18

Step 3 使用【曲面】里面的【放样】命令,依次选择曲线(注意一定要按顺序依次点选"面上椭圆→中间小椭圆曲线→另一侧面上椭圆"),如图8.18所示。

确定之后出现对话框,选择预览,如图8.19所示。

Step 4 将直角边进行圆角,如图8.20所示。

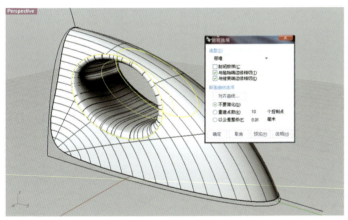

图8.19

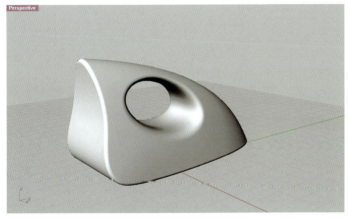

图8.20

8.3.2 细节制作

Step 1 使用【控制点曲线】命令在侧面画出曲线,如图8.21所示。

Step 2 使用【曲线工具】里面的【偏移曲线】命令将物体偏移,如图8.22所示。

Step 3 选中四条曲线,使用修剪工具,将面修剪掉,如图8.23所示。

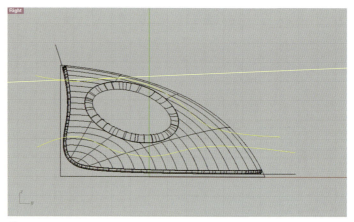

图8.21

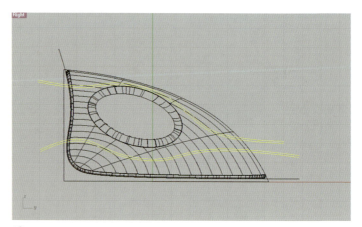

图8.22

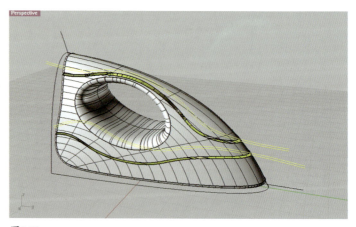

图8.23

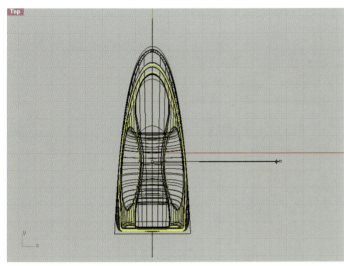

Step 4 选中被分割开的中间的面,使用【三轴缩放】命令进行缩放,如图8.24、图8.25所示。

Step 5 使用【曲面工具】里面的【混接曲面 】命令,将空出来的面补起来,如图8.26所示。

图8.24

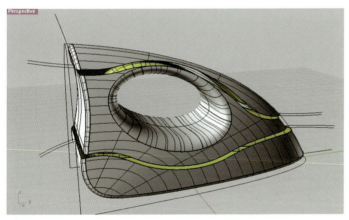

图8.25

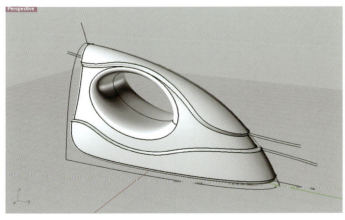

图8.26

Step 6 在Top视图中画出按键的形状，如图8.27所示。

Step 7 将曲线生成实体，再相应地进行位置调整，如图8.28所示。

Step 8 将两个按键复制一下。选中电熨斗，使用【实体工具】里面的【布尔运算差集】命令，选择两个按键，然后进行倒圆角，如图8.29所示。

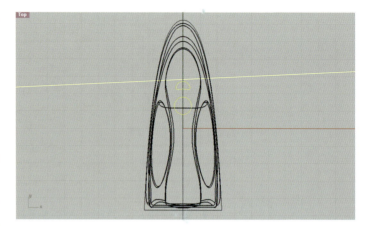

图8.27

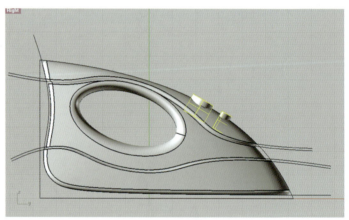

图8.28

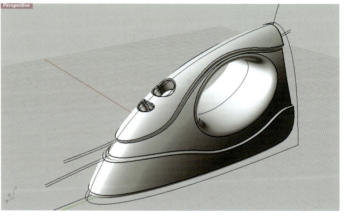

图8.29

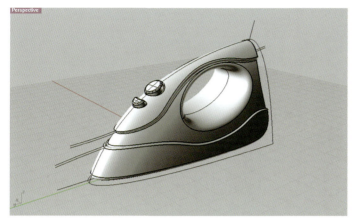

Step 9 将刚才复制的两个按键粘贴出来，进行倒圆角，如图8.30所示。

Step 10 做调节按钮，步骤同上，如图8.31所示。

Step 11 调节按钮细节制作，先进行圆角，如图8.32所示。

图8.30

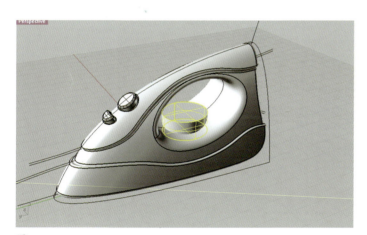

图8.31

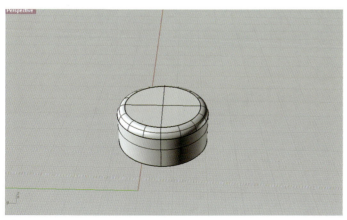

图8.32

Step 12 在按钮上面加上一个椭圆形球体，如图8.33所示。

Step 13 选中椭圆体，使用【变动】里面的【环形阵列】命令（如图8.34所示）。接着将【物件锁点】工具栏里面的【中心点】打开，找到按钮的中心点，将信息栏里面的【项目数】输入为【6】，制作出6个同样的椭圆体按钮，再将制作好的按钮全部选中，使用【实体工具】里面的【布尔运算并集】命令合并在一起，得到效果如图8.35所示。

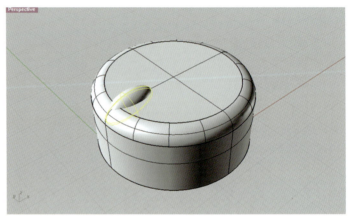

图8.33

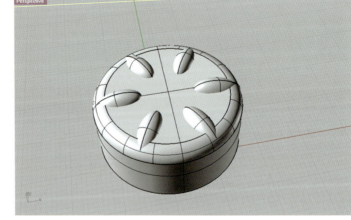

图8.35

图8.34

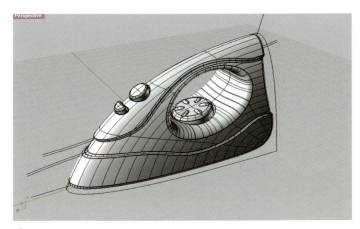

图8.36

Step 14　调整按钮位置，如图8.36所示。

Step 15　制作电熨斗金属底盘。选中底部的曲线，进行缩小，如图8.37所示。

Step 16　将缩放的形状生成实体，添加连接柱，如图8.38所示。

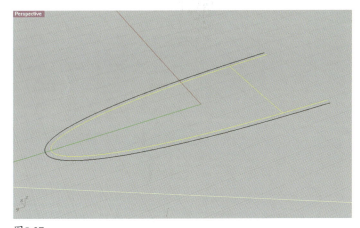

图8.37

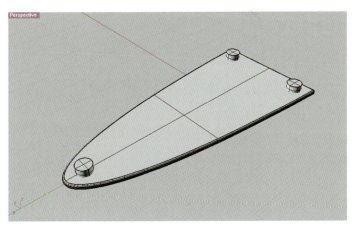

图8.38

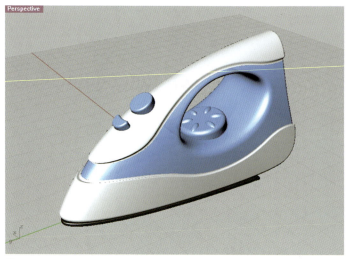

图8.39

加上简单的材质后,完成效果如图8.39所示。

课后练习:制作如图8.40所示电子锁扣。

提示:先构建产品的大体结构线,再通过【网格建立曲线】工具生成曲面。

图8.40

9

轮毂

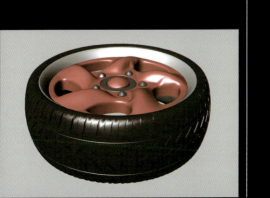

9 轮毂

9.1 轮毂钢圈制作

Step 1　在Front视图里面，画出如图9.1所示的边缘线。

Step 2　点选画好的弧线，使用【旋转成形】命令，确定坐标原点，开启【正交】，如图9.2所示。旋转成轮毂的钢圈部分，如图9.3所示。

图9.1

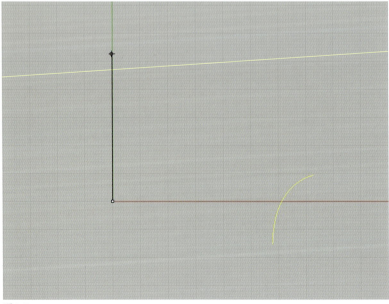

图9.2

9.2 轮毂制作

9.2.1 轮毂大形制作

Step 1　在Front视图里面画出如图9.4所示的一条直线。

Step 2　选中直线，使用【挤出封闭的平面曲线 】命令，拉伸成面，如图9.5所示。

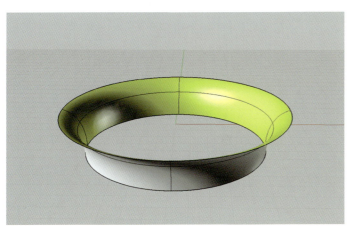

图9.3

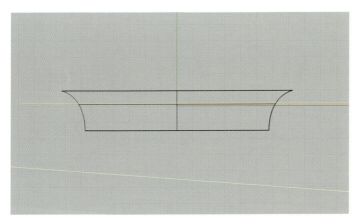

图9.4

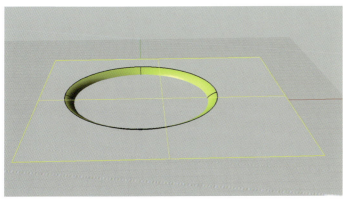

图9.5

Step 3 点选钢圈部分的面,使用【修剪 】命令,将钢圈外面部分的矩形面删除掉,如图9.6所示。

Step 4 选中中间的圆面,将其他部分隐藏,画出如图9.7所示的图形。

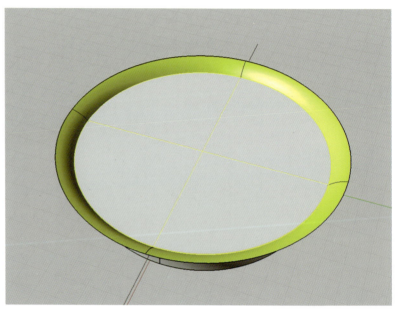

图9.6

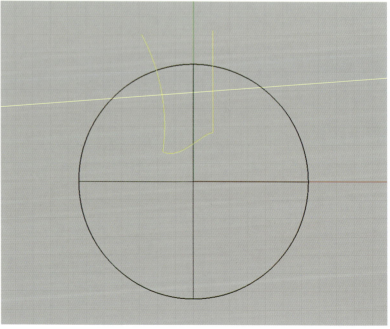

图9.7

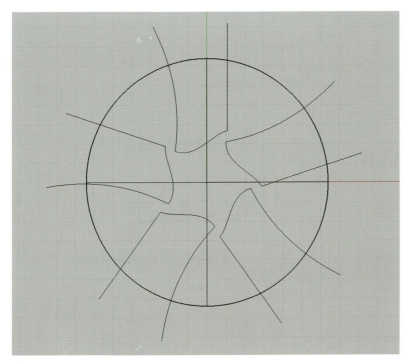

图9.8

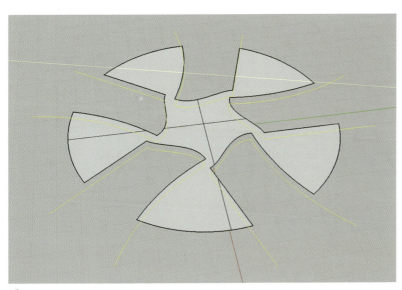

图9.9

Step 5 选中画好的图形，使用【环形阵列 】命令，确定坐标原点（小键盘输入0，回车），将图形阵列5个，如图9.8所示。

Step 6 选中5个创建的图形，使用【修剪】命令，将圆面进行修剪，如图9.9所示。

Step 7 使用【混接曲线 】命令，将其中一个修剪部分的边缘连接起来，如图9.10所示。

Step 8 在如图9.11所示的地方画出一条直线。

Step 9 点选直线，使用【重建 】命令，将直线的控制点重建成6个点，如图9.12所示。

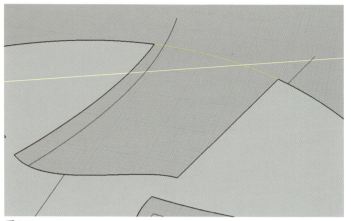

图9.10

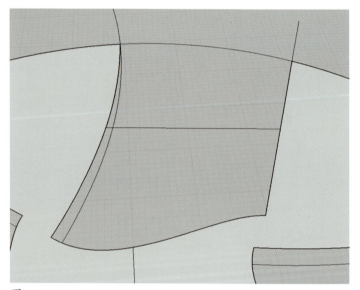

图9.11

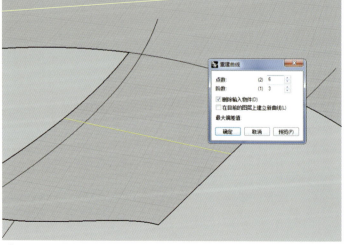

图9.12

Step 10 开启直线的控制点,点选中间的两个控制点,将其往上面拉起,如图9.13所示。

Step 11 使用【网格建立曲线】命令,依次点选如图9.14所示的,A、B、C、D四段边缘,再点选中间重建出来的曲线,生成曲面。

Step 12 将生成的曲面进行【环形阵列】,生出5个图形,然后在如图9.15所示的地方创建两个椭圆。

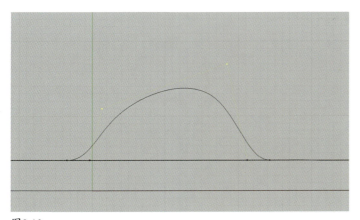
图9.13

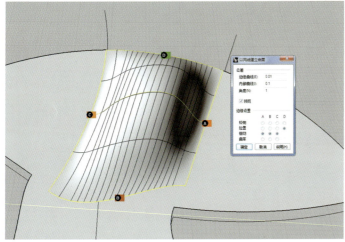
图9.14

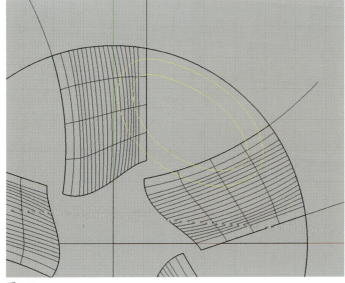
图9.15

Step 13 选中外面的大椭圆,进行环形阵列,如图9.16所示。

Step 14 点选5个大椭圆,使用【修剪】命令对圆面进行修剪,如图9.17所示。

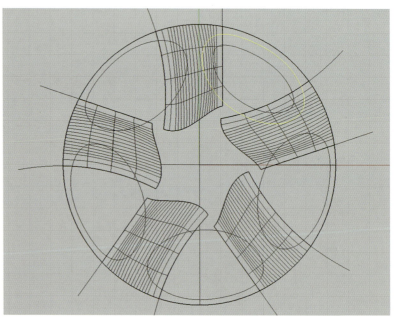

图9.16

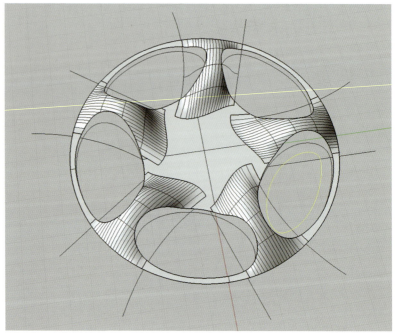

图9.17

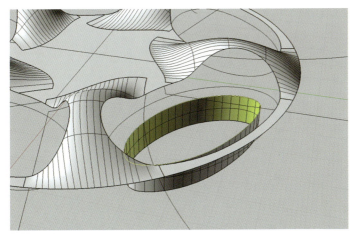

图9.18

Step 15　点选小椭圆，将其拉伸成面，如图9.18所示。

Step 16　使用【混接曲面】命令将空缺的面混接上，如图9.19所示。

Step 17　将点选创建的曲面进行环形阵列，如图9.20所示。

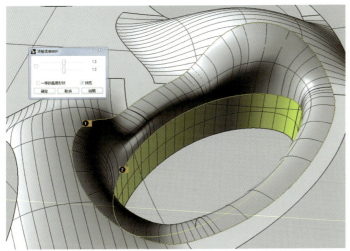

图9.19

图9.20

9.2.2 细节制作

Step 1　在Top视图中画出如图9.21所示的圆。

Step 2　将圆拉伸成实体，使用【布尔运算分割 】命令将实体进行分割，如图9.22所示。

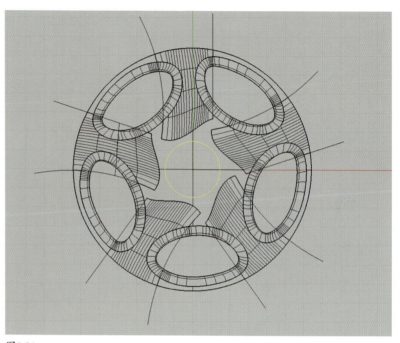

图9.21

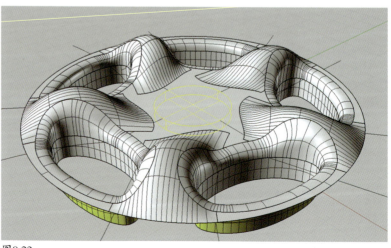

图9.22

Step 3 在分割出来的图形里面画出如图9.23所示的圆。

Step 4 将画出来的圆拉伸成实体,再使用【布尔运算分割】命令将实体进行分割,如图9.24所示。

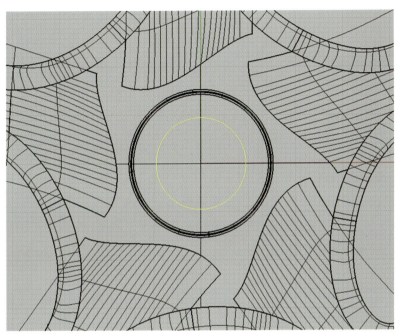

图9.23

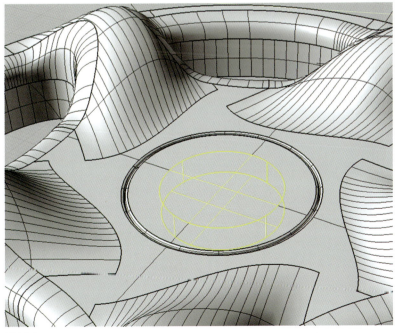

图9.24

Step 5 将分割出来的圆柱体保留，其他部分隐藏，使用【炸开】命令，将圆柱顶面保留，其他面删除，显示圆面的控制点，如图9.25所示。

Step 6 这时圆面的控制点范围显示太大，使用【缩回已修建曲面】命令（如图9.26所示），将曲面的控制点进行收缩，如图9.27所示。

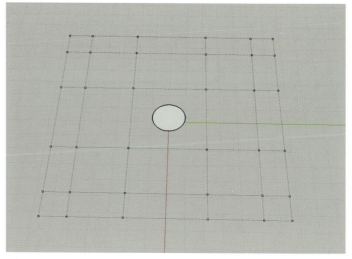

图9.25

图9.26

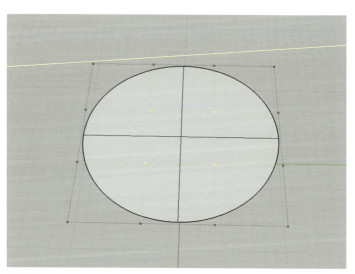

图9.27

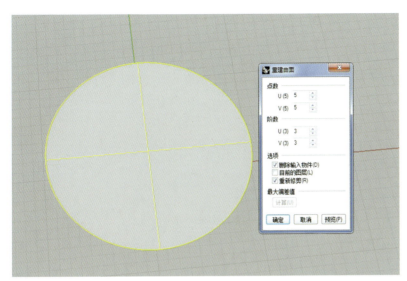

图9.28

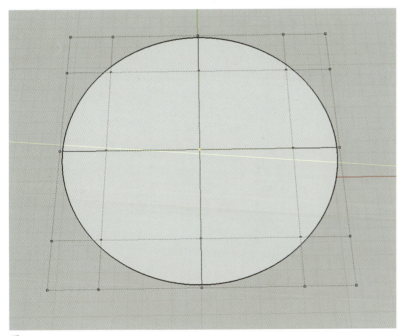

图9.29

Step 7 选中曲面，使用【重建曲面 】命令，将曲面的控制点进行调节，如图9.28所示。

Step 8 打开曲面的控制点，选中中间的控制点，如图9.29所示，将其往上方拉动一定距离，如图9.30所示。

Step 9 选中曲面，使用【重建曲面】命令，将曲面的控制点增加，如图9.31所示，使曲面更加光滑。

Step 10 使用【直线挤出 】命令点选曲面底部边缘将其拉伸出面，如图9.32所示。

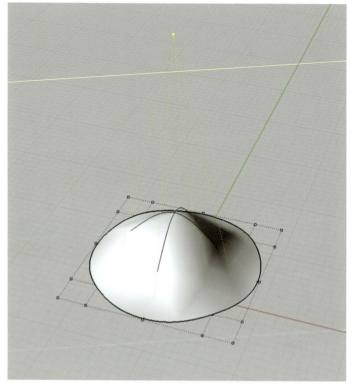

图9.30

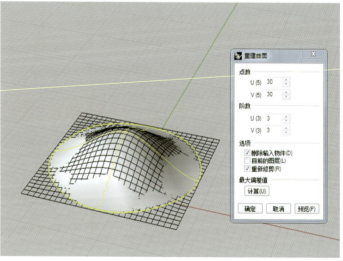

图9.31

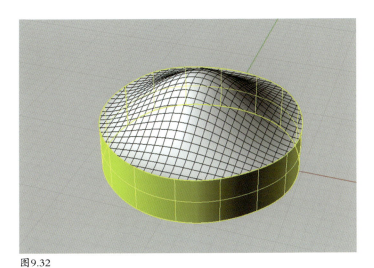

Step 11 将做好的物件合并,并且显示其他物件,进行圆角处理,如图9.33所示。

Step 12 使用同上的方法,创建出如图9.34所示的5个小凸起的部件。

图9.32

图9.33

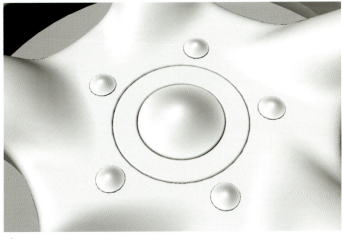

图9.34

9.3 轮胎部分制作

Step 1 选中钢圈,使用【镜像 】命令镜像出另一半来,如图9.35所示。

Step 2 使用【混接曲面】命令将两个钢圈中间的面补上,如图9.36所示。

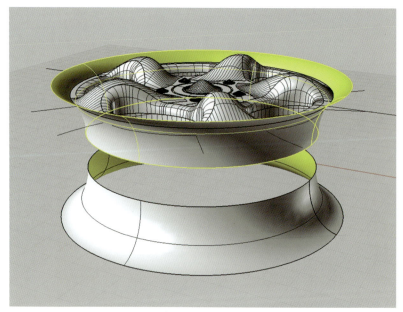

图9.35

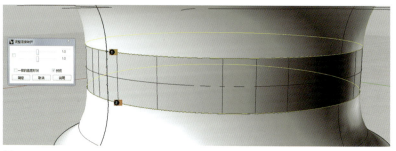

图9.36

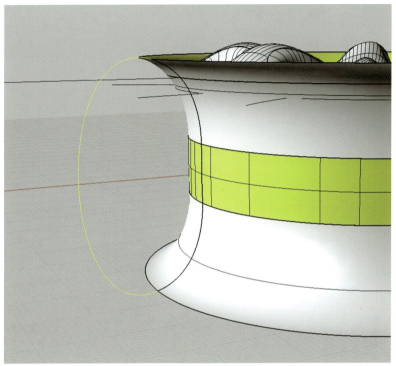

图9.37

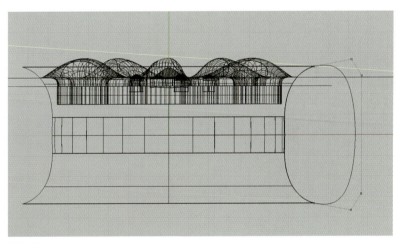

图9.38

Step 3 使用【混接曲线】命令创建出橡胶轮胎大形，如图9.37所示。使用【开启控制点 】命令，将创建的曲线进行调节，如图9.38所示。

Step 4 点选创建好的曲线,使用【旋转成形】命令,将橡胶轮胎部分创建出来,如图9.39所示。

Step 5 在橡胶轮胎上加上纹路,上色渲染后,效果如图9.40所示。

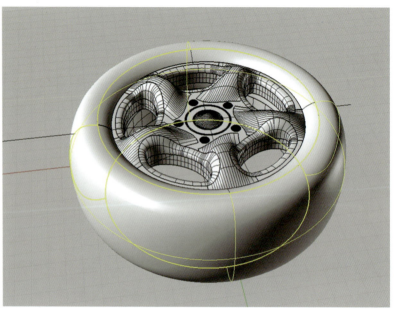

图9.39

图9.40

课后练习： 制作摩天大楼（如图9.41~图9.43）。

提示： 建筑中间起伏的方法参照轮胎轮毂的起伏进行制作。

图9.41

图9.42

图9.43